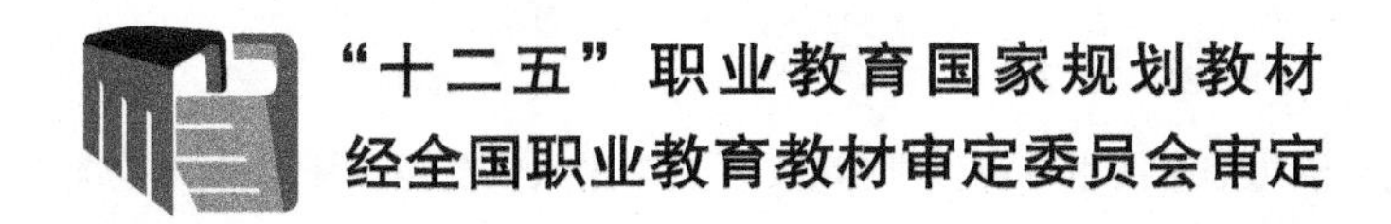

"十二五"职业教育国家规划教材
经全国职业教育教材审定委员会审定

低压电气控制设备

沈柏民　主　编
万亮斌　陆晓燕　副主编

電子工業出版社
Publishing House of Electronics Industry
北京 · BEIJING

内容简介

本书根据教育部颁布的中等职业学校电子与信息技术专业教学标准，以及国家人力资源和社会保障部颁发的相关工种国家职业标准和职业技能鉴定规范编写而成。

本书以项目引领，采用工作任务驱动模式编写，全书共分两个部分，上篇为电动机基本控制线路，主要内容包括安装砂轮机控制线路、安装与检修工业鼓风机控制线路、安装与检修小车自动往返控制线路、安装与检修水泵电动机降压启动控制线路、安装与检修隧道通风换气扇控制线路和安装与检修多速输送机控制线路6个教学项目；下篇为常用生产机械电气控制线路检修，主要内容包括检修CA6140型卧式车床电气控制线路、检修M7120型平面磨床电气控制线路和检修X62W型万能铣床电气控制线路3个教学项目。

本书是理实一体化教材，其内容面向实际，与职业岗位"接轨"，将低压电气控制技术与技能训练相结合。

本书可作为职业院校电工电子、机电类专业教学用书。

图书在版编目（CIP）数据

低压电气控制设备 / 沈柏民主编. —北京：电子工业出版社，2015.10

ISBN 978-7-121-24765-1

Ⅰ. ①低… Ⅱ. ①沈… Ⅲ. ①低压电器—电气控制装置—中等专业学校—教材 Ⅳ. ①TM52

中国版本图书馆CIP数据核字（2014）第268619号

策划编辑：白　楠
责任编辑：郝黎明
印　　刷：北京虎彩文化传播有限公司
装　　订：北京虎彩文化传播有限公司
出版发行：电子工业出版社
　　　　　北京市海淀区万寿路173信箱　邮编　100036
开　　本：787×1092　1/16　印张：10　字数：256千字
版　　次：2015年10月第1版
印　　次：2020年1月第3次印刷
定　　价：23.00元

凡所购买电子工业出版社图书有缺损问题，请向购买书店调换。若书店售缺，请与本社发行部联系，联系及邮购电话：（010）88254888，88258888。

质量投诉请发邮件至zlts@phei.com.cn，盗版侵权举报请发邮件至dbqq@phei.com.cn。

本书咨询联系方式：（010）88254592，bain@phei.com.cn。

前言 PREFACE

本书根据教育部颁布的中等职业学校电子与信息技术专业教学标准，以及国家人力资源和社会保障部颁发的相关工种国家职业标准和职业技能鉴定规范编写而成。

本书是理实一体的教材，其内容面向实际岗位，与职业岗位接轨，将低压电气控制技术与实际工作岗位中的实用技能训练相结合，在突出培养学生分析问题、解决问题和实践操作技能的同时，注重培养学生的综合素质和职业能力，以适应行业发展带来的职业岗位变化，突显职业教育的特色和本色，为学生的可持续发展奠定基础。本书编写特色如下：

1．体现理实一体化，涵盖职业标准

本书坚持“做中学，做中教”的职业教育特色，以低压电气控制技术专业岗位工作任务为主线，将基本理论知识的学习和专业技能的培养与生产实际应用相结合，引导学生通过安装与检修电气控制线路工作过程的体验，提高学生的学习兴趣，激发学生的学习动力，掌握低压电气控制设备的安装与检修技能。本书编写在本着“必需、够用、实用”的原则上，精简理论，强化知识的应用和专业技能的培养，突出与职业岗位对接，涵盖相关工种职业技能标准知识和技能要求。

2．项目引领，取材科学合理

本书编写坚持项目引领、任务驱动的教学理念，教学项目取材于行业企业典型工作任务。在内容编排上力求由浅入深，先易后难，先简单后复杂，先“单一”后“综合”，呈现螺旋式提升，关注中职学生的学习特点、学习兴趣和认知规律，使教与学的过程更加具有连贯性、针对性和选择性。为方便学习理论、掌握操作技能，将每个教学项目分成若干个任务，并安排技能训练任务和思考与练习。在教材内容呈现形式上，力求图文并茂、生动活泼，通过图片、表格等形式将知识与技能生动、直观地展现出来，让学生能更直观地理解和掌握所学知识与技能，为今后从事低压电气控制设备安装与检修工作奠定基础。

3．突出岗位技能，引领教学改革

本书根据理实一体化教学模式，将专业知识与专业技能有机地融合为一体，构建“做中学”、“学中做”的学习过程，各个项目有机地融入了工作岗位中的规程、规范，关注职业意识培养和职业道德教育，培养学生岗位技能。以任务驱动方式，引导专业教师在教“专业知识与专业技能”的同时，着力培养学生的职业素养，不断创新教育教学方法，有效实施教学改革。

本书由沈柏民担任主编，万亮斌、陆晓燕担任副主编，由沈柏民负责统稿。参与编写的还有杭州市中策职业学校的童立立、陈美飞，宁波市鄞州职业教育中心学校的方爱平、王帆，宁波市鄞州职业高级中学的马浓柯，宁波市鄞州区四明职业高级中学的马君，长兴县职业教育技术中心学校的霍永红，以及谢岚、周红星、丁宏卫、魏昌煌、包红。本书编写过程中得到了杭州钢铁集团公司、杭州地铁集团有限公司等相关单位领导和技术人员的大力支持和帮助，在此一并致以诚挚的谢意。

为方便教师教学，本书还配有电子教学参考资料包（包括教学指南、电子教案、习题答案），请有此需要的教师登录华信教学资源网（http://www.hxedu.com.cn）下载。

由于编者水平有限，书中难免存在错误和不妥之处，敬请批评指正。

编　者

目 录

CONTENTS

上篇　电动机基本控制线路

上篇

电动机基本控制线路

单元提要

本篇主要介绍有触头的低压开关、接触器、继电器、按钮、位置开关等低压电器元件及由它们组成的电动机基本控制线路。掌握电动机基本控制线路的工作原理及安装与检修，是检修低压电气控制设备的基础。

知识目标

➢熟悉常用低压电器的功能、结构与型号、技术参数。
➢熟悉常用低压电器的选用方法、安装与使用方法。
➢熟悉常用低压电器的符号及工作原理。
➢熟悉绘制、识读电气控制线路电路图的一般原则。
➢熟悉电动机基本控制线路及其工作原理。

技能目标

➢能参照低压电器技术参数和低压电气控制设备要求选用低压电器。
➢会正确安装和使用常用低压电器。
➢能对低压电器的常见故障进行处理。
➢能正确、熟练分析电动机基本控制线路。
➢能正确、熟练安装电动机基本控制线路。
➢能分析与排除电动机基本控制线路的常见故障。

项目 1

安装砂轮机控制线路

知识目标

知道低压电器的分类和常用术语。

熟悉常用低压开关、低压熔断器的功能、结构与型号、技术参数、选用方法和安装与使用方法。

熟悉常用低压开关、低压熔断器的工作原理及其在低压电气控制设备中的典型应用。

技能目标

能参照低压电器技术参数和砂轮机控制要求选用低压开关、低压熔断器。

会正确安装和使用常用低压开关、低压熔断器，能处理其常见故障。

会分析砂轮机控制线路的工作原理。

能根据要求安装砂轮机控制线路。

能够完成工作记录、技术文件存档与评价反馈。

知识准备

所谓电器，是根据外界特定的信号或要求，能自动或手动接通和断开电路，断续或连续地改变电路参数，实现对电量或非电量的切换、控制、保护、检测和调节等功能的电气设备。

根据电器工作电压的高低，电器可分为高压电器和低压电器。工作在交流 50Hz（或 60Hz）额定电压 1 200V 及以下、直流额定电压 1 500V 及以下的电路中，起通断、保护、控制或调节作用的电器称为低压电器。

1．低压电器的分类

低压电器在电力输配电系统和电力拖动系统中应用极为广泛。常用低压电器的分类及用途如表 1-1 所示。

表 1-1　常用低压电器的分类及用途

序　号	分类方法	名　称	用　　途	主要品种举例
1	按用途和所控制对象分	低压配电电器	主要用于低压配电系统及动力设备中，对电气线路及动力设备进行保护和通断、转换电源或负载	刀开关（开启式负荷开关、封闭式负荷开关）
				转换开关（组合开关、倒顺开关）
				断路器（框架式、塑料外壳式、限流式、漏电保护断路器）
				熔断器（有填料熔断器、无填料熔断器、自复熔断器）

续表

序　号	分类方法	名　称	用　　途	主要品种举例
1	按用途和所控制对象分	低压控制电器	主要用于电力拖动与自动控制系统中，进行控制、检测和保护	接触器（交流接触器、直流接触器）
				控制继电器（电流继电器、电压继电器、时间继电器、中间继电器、热继电器）
				启动器（磁力启动器、减压启动器）
				主令电器（按钮、位置开关）
				控制器（凸轮控制器、平面控制器）
2	按动作方式分	自动切换电器	依靠电器本身参数的变化或外来信号的作用，自动完成接通或分断等动作	接触器、控制继电器等
		非自动切换电器	依靠外力（如手控）直接操作来进行切换	按钮、刀开关等
3	按执行机构分	有触头电器	具有可分离的动、静触头，利用触头的接触和分离来实现电路的通断控制	接触器、控制继电器、刀开关、主令电器等
		无触头电器	没有可分离的触头，主要利用半导体器件的开关效应来实现电路的通断控制	接近开关、固态继电器等
4	按工作环境分	一般用途电器	一般环境和工作条件下使用	在正常环境下使用的接触器、控制继电器等
		特殊用途电器	特殊环境和工作条件下使用	防腐、防尘类低压电器，防爆类低压电器，高海拔类低压电器等

2．低压电器的常用术语

低压电器的常用术语如表 1-2 所示。

表 1-2　低压电器的常用术语

常用术语	常用术语的含义
通断时间	从电流开始在开关电器一个极流过的瞬间起，到所有极的电弧最终熄灭瞬间为止的时间间隔
燃弧时间	电器在分断过程中，从触头断开（或熔体熔断）出现电弧的瞬间开始到电弧完全熄灭为止的时间间隔
分断能力	开关电器在规定条件下，能在给定的电压下分断的预期电流值
接通能力	开关电器在规定条件下，能在给定的电压下接通的预期电流值
通断能力	开关电器在规定条件下，能在给定的电压下接通和分断的预期电流值
短路接通能力	在规定的条件下，包括开关电器的出线端短路在内的接通能力
短路分断能力	在规定的条件下，包括开关电器的出线端短路在内的分断能力
操作频率	开关电器在每小时内可能实现的最高循环操作次数
通电持续率	开关电器的有载时间和工作周期之比，常用百分数表示
电寿命	在规定的正常工作条件下，机械开关电器不需要修理或更换的负载操作循环次数

任务1　认识低压开关

低压开关主要起隔离、转换及接通和分断电路的作用，多数用作低压电气控制设备的电源开关和局部照明电路的控制开关，有时也可用来直接控制小容量电动机的启动，停止和正、反转。

低压开关一般是非自动切换类电器，主要有低压刀开关、组合开关、低压断路器等。

一、认识低压刀开关

在低压电气控制设备中常用的低压刀开关是由刀开关和熔断器组合而成的负荷开关。分开启式负荷开关和封闭式负荷开关两种。

（一）开启式负荷开关

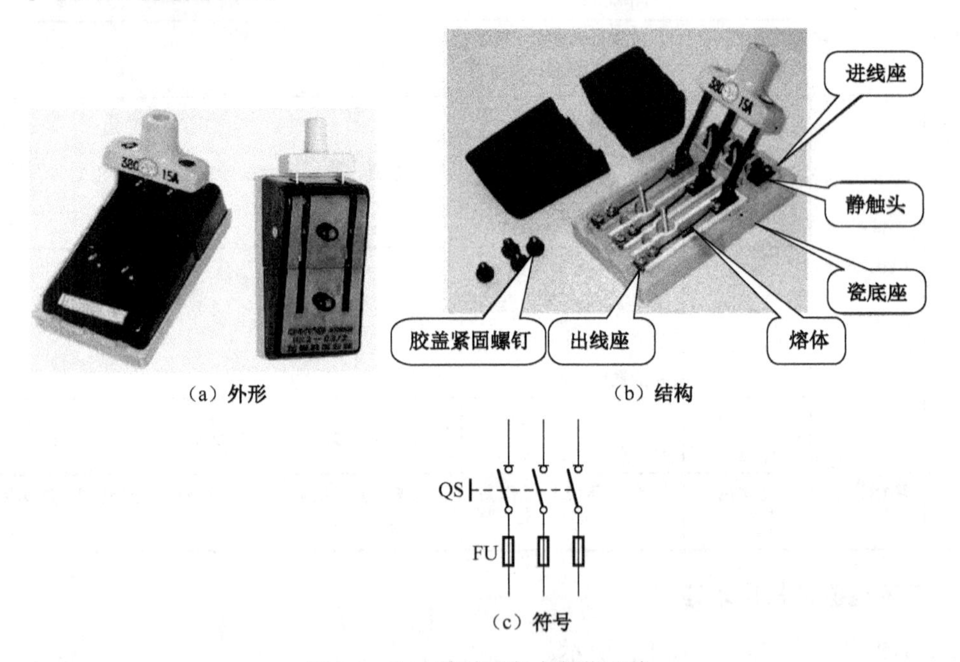

（a）外形　（b）结构

（c）符号

图 1-1　HK 系列开启式负荷开关

1．开启式负荷开关的功能

图 1-1 所示为低压电气控制设备中常用的 HK 系列开启式负荷开关，又称瓷底胶盖刀开关、闸刀开关，简称刀开关。它具有结构简单、价格便宜、手动操作的特点，主要有以下两个方面的作用：

（1）适用于交流频率 50Hz、额定电压单相 220V 或三相 380V、额定电流 10～100A 的照明、电热设备及小容量电动机等不需要频繁接通和分断电路的控制，并能起到短路保护作用。

（2）用于将电路与电源隔离，作为线路或设备的电源开关。

2．开启式负荷开关的结构与型号

HK 系列开启式负荷开关的结构与符号如图 1-1（b）、（c）所示。它由刀开关和熔断器组合而成，其刀开关的瓷底座上装有进线座、静触头、熔体、出线座和带瓷质手柄的刀式动触头，上面盖有胶盖，以防止操作时人体触及带电体或开关分断时产生的电弧飞出伤人。

开启式负荷开关的型号及含义如下：

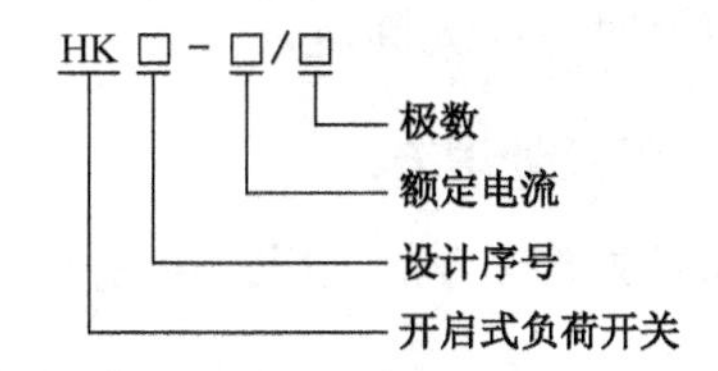

3．开启式负荷开关的技术参数

常用的 HK1 系列开启式负荷开关的主要技术参数，如表 1-3 所示。

表 1-3　HK1 系列开启式负荷开关主要技术参数

型　号	极数	额定电流（A）	额定电压（V）	可控制电动机最大容量（kW）		熔丝线径（mm）
				220V	380V	
HK1-15	2	15	220	-	-	1.45～1.59
30	2	30	220	-	-	2.30～2.52
60	2	60	220	-	-	3.36～4.00
HK1-15	3	15	380	1.5	2.2	1.45～1.59
30	3	30	380	3.0	4.0	2.30～2.52
60	3	60	380	4.5	5.5	3.36～4.00

4．开启式负荷开关的选用方法

HK 系列开启式负荷开关用于一般照明电路和功率小于 5.5kW 的三相交流异步电动机控制线路中。由于这种开关没有专门的灭弧装置，其刀式动触头和静夹座易被电弧灼伤而引起接触不良，因此不宜用于操作频繁的电路。

开启式负荷开关选用时，除应满足开启式负荷开关的工作条件和安装条件外，其主要技术参数的选用方法如下：

（1）用于照明和电热负载时，可选用额定电压为 220V 或 250V，额定电流不小于电路所有负载额定电流之和的两极开关。

（2）用于直接控制电动机的启动和停止时，可选用额定电压 380V 或 500V，额定电流不小于电动机额定电流 3 倍的三极开关。

5．开启式负荷开关的安装与使用方法

开启式负荷开关的安装与使用方法如下：

（1）必须垂直安装在控制屏或开关板上，且合闸状态时手柄应朝上。不得倒装或平装，以防操作手柄因重力掉落而发生误合闸事故，同时也有利于电弧熄灭。

（2）在控制照明或电热负载时，要装接熔丝作短路和过载保护。接线时应把电源进线接在静触头一边的进线座上，负载接在动触头一边的出线座上，这样在开关拉开后，动触头和熔丝上不会带电。

（3）在控制三相交流异步电动机时，应将开关中熔丝部分用铜导线直接连接，并在出线端另外加装熔断器作短路保护。

（4）更换熔丝时，必须在动触头断开的情况下按原规格更换。

（5）分闸和合闸操作要动作迅速，使电弧尽快熄灭。

（6）安装时距地面的高度为1.3～1.5m，在有行人通过的地方，应加装防护罩。

（7）在接线、拆线、更换熔丝时，应先断电。

6. 开启式负荷开关的常见故障及处理方法

开启式负荷开关的常见故障及处理方法，如表1-4所示。

表1-4 开启式负荷开关的常见故障及处理方法

故障现象	可能原因	处理方法
合闸后，开关一相或两相不通	（1）静触头弹性消失，开口过大，造成动、静触头接触不良 （2）熔丝熔断或虚连 （3）动、静触头氧化或有尘污 （4）进出线线头接触不良	（1）修理或更换静触头 （2）更换熔丝或紧固 （3）清洁触头 （4）重新连接
合闸后熔丝熔断	（1）外接负载短路 （2）熔丝规格偏小	（1）排除负载短路故障 （2）按要求更换熔丝
触头烧坏	（1）开关容量太小 （2）拉、合闸动作过慢，造成电弧过大，烧坏触头	（1）更换开关 （2）修整或更换触头，并正确操作

（二）封闭式负荷开关

1. 封闭式负荷开关的功能

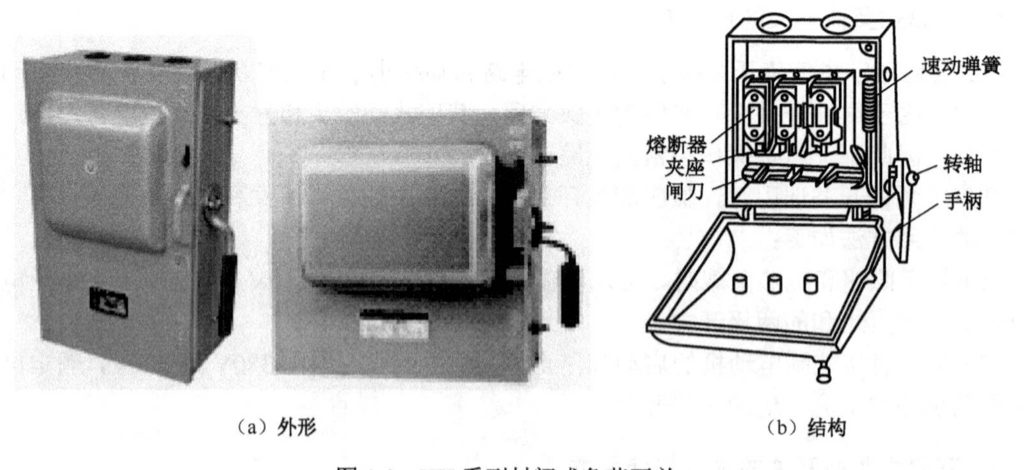

（a）外形　　（b）结构

图1-2 HH系列封闭式负荷开关

图1-2（a）所示为低压电气控制设备中常用的HH系列封闭式负荷开关，它是在开启式负荷开关的基础上改进设计而成的，因其外壳多为铸铁或用薄钢板冲压而成，故又称为铁壳开关。它适用于交流频率50Hz、额定电压380V、额定电流至400A的电路中，用于手动不频繁地接通和分断带负载的电路及线路末端的短路保护，或控制15kW以下小容量三相交流异步电动机的直接启动和停止。

2. 封闭式负荷开关的结构与型号

HH系列封闭式负荷开关的结构如图1-2（b）所示。它在结构上设计成侧面旋转操作式，主要由操作机构、熔断器、触头系统和铁壳组成。操作机构具有快速分断装置，开关的闭合和分断速度与操作者手动速度无关，从而保证了操作人员和设备的安全；触头系统全部封装在铁壳内，并带有灭弧室以保证安全；罩盖与操作机构设置了联锁装置，保证开关在合闸状态下罩盖不能开启，罩盖开启时不能合闸。另外，罩盖也可以加锁，确保操作安全。

封闭式负荷开关在电路图中的符号与开启式负荷开关相同。其型号及含义如下：

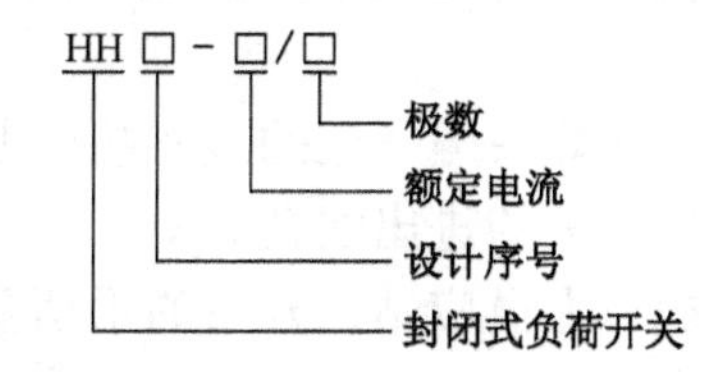

3．封闭式负荷开关的技术参数

HH 系列封闭式负荷开关主要技术参数，如表 1-5 所示。

表 1-5　HH 系列封闭式负荷开关主要技术参数

<table>
<tr><th rowspan="2">型　号</th><th rowspan="2">额定电流（A）</th><th rowspan="2">额定电压（V）</th><th rowspan="2">极　数</th><th colspan="3">熔体主要参数</th></tr>
<tr><th>额定电流（A）</th><th>线径（mm）</th><th>材　料</th></tr>
<tr><td rowspan="9">HH3</td><td rowspan="3">15</td><td rowspan="9">440</td><td rowspan="9">2，3</td><td>6</td><td>0.26</td><td rowspan="9">紫铜丝</td></tr>
<tr><td>10</td><td>0.35</td></tr>
<tr><td>15</td><td>0.46</td></tr>
<tr><td rowspan="3">30</td><td>20</td><td>0.65</td></tr>
<tr><td>25</td><td>0.71</td></tr>
<tr><td>30</td><td>0.81</td></tr>
<tr><td rowspan="3">60</td><td>40</td><td>1.02</td></tr>
<tr><td>50</td><td>1.22</td></tr>
<tr><td>60</td><td>1.32</td></tr>
<tr><td rowspan="9">HH4</td><td rowspan="3">15</td><td rowspan="9">440</td><td rowspan="9">2，3</td><td>6</td><td>1.08</td><td rowspan="3">软铅丝</td></tr>
<tr><td>10</td><td>1.25</td></tr>
<tr><td>15</td><td>1.98</td></tr>
<tr><td rowspan="3">30</td><td>20</td><td>0.61</td><td rowspan="6">紫铜丝</td></tr>
<tr><td>25</td><td>0.71</td></tr>
<tr><td>30</td><td>0.80</td></tr>
<tr><td rowspan="3">60</td><td>40</td><td>0.92</td></tr>
<tr><td>50</td><td>1.07</td></tr>
<tr><td>60</td><td>1.20</td></tr>
</table>

4．封闭式负荷开关的选用方法

封闭式负荷开关选用时，除应满足封闭式负荷开关的工作条件和安装条件外，其主要技术参数选用方法如下：

（1）封闭式负荷开关的额定电压应不小于工作电路的额定电压；额定电流应等于或稍大于电路的工作电流。

（2）用于控制三相交流异步电动机工作时，考虑到电动机的启动电流较大，应使其额定电流不小于电动机额定电流的 3 倍。

（3）用于控制照明、电热负载时，应使其额定电流不小于所有负载额定电流之和。

5．封闭式负荷开关的安装与使用方法

封闭式负荷开关的工作条件和安装条件与开启式负荷开关相同。其安装与使用方法如下：

（1）必须垂直安装在无强烈振动和冲击的场所，安装高度一般离地不低于 1.3～1.5m，外壳必须接地。

（2）接线时，应将电源进线接在静夹座一边的接线端子上，负载引线接在熔断器一边的接线端子上，且进出线都必须穿过开关的进出线孔。

（3）在进行分合闸操作时，操作人员应站在开关的手柄侧，不准面对开关，以免因意外故障电流使开关爆炸，铁壳飞出伤人。

6．封闭式负荷开关的常见故障及处理方法

封闭式负荷开关的常见故障及处理方法，如表 1-6 所示。

表 1-6　封闭式负荷开关的常见故障及处理方法

故障现象	可能原因	处理方法
合闸后一相或两相没电	（1）底座弹性消失或开口过大 （2）熔丝熔断或接触不良 （3）底座、动触头氧化或有污垢 （4）电源进线或出线头氧化	（1）更换底座 （2）更换熔丝 （3）清洁底座或动触头 （4）检查进出线头
夹座（静触头）过热或烧坏	（1）夹座表面烧毛 （2）闸刀与夹座压力不足 （3）负载过大	（1）用细锉修整夹座 （2）调整夹座压力 （3）减轻负载或更换大容量开关
操作手柄带电	（1）外壳未接地或接地线松脱 （2）电源进出线绝缘损坏碰壳	（1）检查后，加固接地导线 （2）更换导线或恢复绝缘

二、组合开关

1．组合开关的功能

组合开关又称为转换开关，图 1-3 所示是各种形式组合开关的外形图。组合开关适用于交流 50Hz、电压至 380V 以下或直流 220V 及以下的电气线路中，用于手动不频繁地接通和分断电路、换接电源和负载，或控制 5kW 以下小容量三相交流异步电动机的直接启动、停止和正、反转控制。

图 1-3　组合开关形式

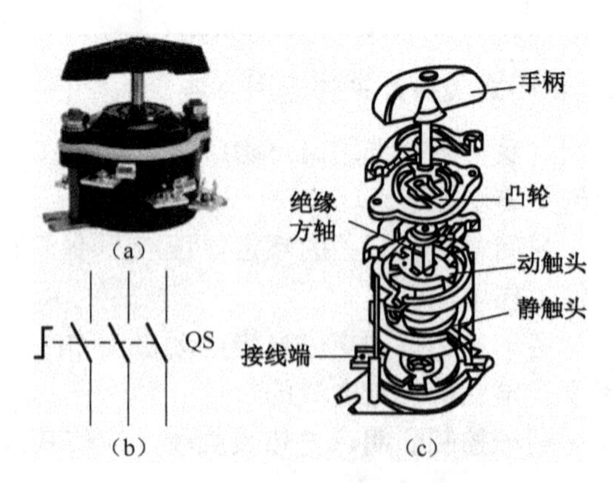

图 1-4　HZ10 系列组合开关

2．组合开关的结构与型号

常用的 HZ10 系列组合开关结构如图 1-4 所示。组合开关手柄和转轴能沿顺时针或逆时针方向转动 90°，带动三个动触头分别与静触头接触或分离，实现接通或分断电路的目的。由于采用了扭簧储能结构，能快速闭合及分断开关，使开关的闭合和分断速度与手动操作无关。

组合开关的型号及含义如下：

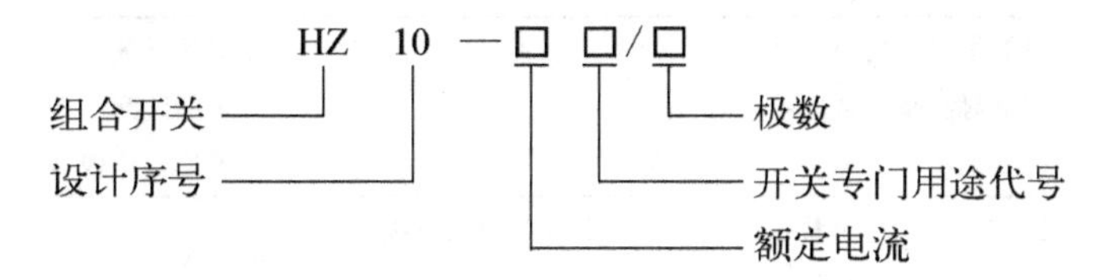

3．组合开关的技术参数

HZ10 系列组合开关的主要技术参数，如表 1-7 所示。

表 1-7　HZ10 系列组合开关的主要技术参数

型　号	极　数	额定电流（A）	额定电压（V）		380V 时可直接控制电动机的功率（kW）
HZ10-10	2，3	6，10	直流 220	交流 380	1
HZ10-25	2，3	25			3.3
HZ10-60	2，3	60			5.5
HZ10-100	2，3	100			—

4．组合开关的选用方法

组合开关选用时，除应满足组合开关的工作条件和安装条件外，其主要技术参数的选用方法如下：

（1）应根据电源种类、电压等级、所需触头数、接线方式和负载容量等进行选用。

（2）用于直接控制三相交流异步电动机的启动和正反转时，开关的额定电流一般取电动机额定电流的 1.5～2.5 倍。

5．组合开关的安装与使用方法

组合开关正常工作条件及安装条件与开启式负荷开关相同。其安装与使用方法如下：

（1）HZ10 系列组合开关应安装在控制箱（或壳体）内，其操作手柄最好在控制箱的前面或侧面。组合开关为断开状态时应使手柄处于水平旋转位置。HZ3 系列转换开关外壳上的接地螺钉应可靠接地。

（2）若需在箱内操作，组合开关最好装在箱内右上方，并且在它的上方不安装其他电器，否则应采取隔离或绝缘措施。

（3）组合开关通断能力较低，不能用来分断故障电流。用于控制三相交流异步电动机正反转时，必须在电动机完全停止转动后才能反向启动，且每小时的接通次数不能超过 15～20 次。

6．组合开关的常见故障及处理方法

组合开关的常见故障及处理方法，如表 1-8 所示。

表 1-8 组合开关的常见故障及处理方法

故障现象	可能原因	处理方法
手柄转动后，内部触头没有动	（1）手柄上的轴孔磨损变形 （2）绝缘杆变形 （3）手柄与方轴或轴与绝缘杆配合松动 （4）操作机构损坏	（1）调换手柄 （2）更换绝缘杆 （3）紧固松动部分 （4）修理更换
手柄转动后，动、静触头不能按要求动作	（1）型号选用不正确 （2）触头角度装配不正确 （3）触头失去弹性或接触不良	（1）更换开关 （2）重新装配 （3）更换触头或清除氧化层
接线柱间短路	因铁屑或油污附着在接线柱间，形成导电层，将绝缘损坏而形成短路	更换开关

三、低压断路器

1. 低压断路器的功能

低压断路器又称自动空气开关或自动空气断路器，是低压配电线路和低压电气控制设备中常用的配电电器，它集控制和多种保护功能于一体，在正常情况下可用于不频繁地接通或断开电路以及控制电动机的运行。当电路发生短路、过载或失压等故障时，又能自动切断故障电路，达到保护线路和电气设备的目的。

图 1-5 常见低压断路器

2．低压断路器的分类

低压断路器按结构形式可分为塑壳式（又称装置式）、万能式（又称框架式）、限流式、直流快速式、灭磁式和漏电保护式六类；按操作方式可分为人力操作式、动力操作式、储能操作式；按极数可分为单极、二极、三极和四极式；按安装方式又可分为固定式、插入式和抽屉式；按断路器在电路中的用途可分为配电用断路器、电动机保护用断路器和其他负载（如照明）用断路器等。

几种常见的断路器外形如图 1-5 所示。在电力拖动系统中常用的是 DZ 系列塑壳式低压断路器，如 DZ5 系列和 DZ10 系列，下面以 DZ1-20 型低压断路器为例介绍。

3．低压断路器的结构与工作原理

（1）低压断路器的结构

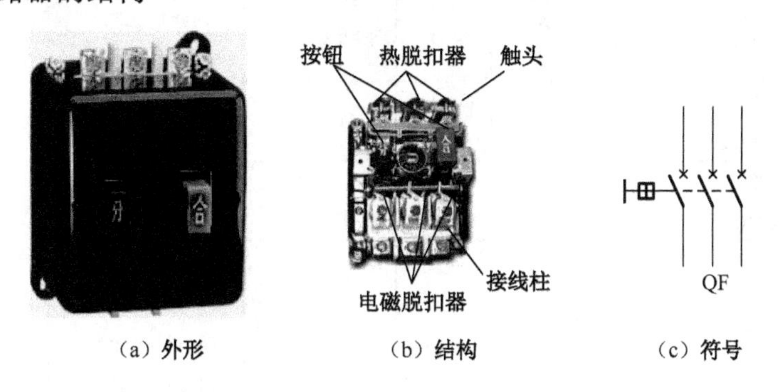

（a）外形　（b）结构　（c）符号

图 1-6　低压断路器的结构和符号

DZ1-20 系列低压断路器的外形与结构如图 1-6（a）、（b）所示。它适用于交流 50Hz、额定电压 380V、额定电流至 50A 的电路。保护电动机用的断路器用于电动机的短路和过载保护；配电用断路器在配电网络中用来分断电能和对线路及电源设备的短路和过载保护之用。在使用不频繁的情况下，也可用于电动机的启动和线路的转换。它主要由触头系统、灭弧装置、操作机构、热脱扣器、电磁脱扣器等组成。由加热元件和双金属片等构成热脱扣器，起过载保护作用，配有电流调节装置便于调定电流；由线圈和铁芯等构成电磁脱扣器，作短路保护，也有一个电流调节装置，可调节瞬时脱扣整定电流。

（2）低压断路器的工作原理

使用时，低压断路器的三幅主触头串接在主电路中，按下接通按钮，使锁扣克服反作用弹簧的反作用力，将固定在锁扣上面的动、静触头闭合，并由锁扣扣住，开关处于接通状态。

当线路发生过载时，过载电流使热元件产生大量的热量，双金属片受热弯曲，通过杠杆推动搭钩与锁扣脱开，动、静触头分断，从而切断线路，达到保护用电设备的目的。

当线路发生短路故障时，短路电流超过电磁脱扣器的瞬时脱扣整定电流，电磁脱扣器产生足够大的吸力将衔铁吸合，通过杠杆的作用，使动、静触头分断，从而切断线路，达到保护用电设备的目的。

欠压脱扣器作零压和欠压保护。具有欠压脱扣器的断路器，在欠压脱扣器两端无电压或电压过低时不能接通电路。

4．低压断路器的符号与型号含义

断路器的电气图形符号和文字符号如图 1-6（c）所示。DZ 系列低压断路器的型号及含义如下：

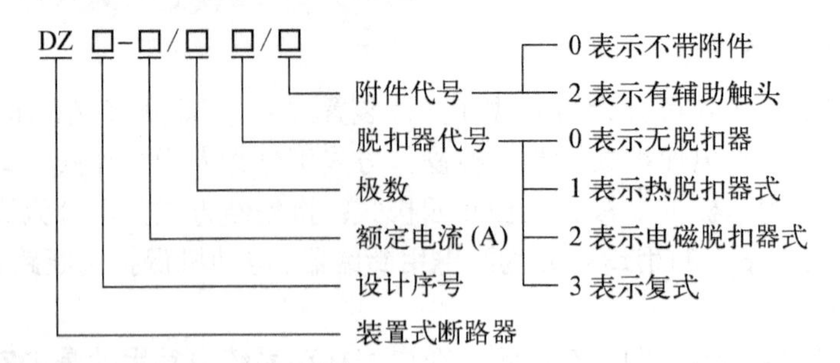

5. 低压断路器的技术参数

DZ1-20系列低压断路器的主要技术参数如表1-9所示。

表1-9 DZ1-20系列低压断路器的主要技术参数

型号	额定电压（V）	主触头额定电流（A）	极数	脱扣器形式	热脱扣器额定电流（A）	电磁脱扣器瞬时动作整定电流（A）
DZ1-20/330 DZ1-20/230	交流(380) 直流(220)	20	3 2	复式	0.10～0.15 0.15～0.20 0.20～0.30 0.30～0.45 0.45～0.65 0.65～1.00 1.00～1.50 1.50～2.00 2.00～3.00 3.00～4.50 4.50～6.50 6.50～10.00 10.00～15.00 15.00～20.00	为热脱扣器额定电流的8～12倍（出厂时整定于10倍）
DZ1-20/320 DZ1-20/220	交流(380) 直流(220)	20	3 2	电磁脱扣器式		
DZ1-20/310 DZ1-20/210	交流(380) 直流(220)	20	3 2	热脱扣器式		
DZ1-20/300 DZ1-20/200	交流(380) 直流(220)	20	3 2	无脱扣器式		

6. 低压断路器的选用方法

低压断路器选用时，除应满足低压断路器的工作条件和安装条件外，其主要技术参数的选用方法如下：

（1）其额定电压和额定电流应不小于线路正常工作电压和计算负载电流。

（2）热脱扣器的整定电流应等于所控制负载的额定电流。

（3）电磁脱扣器的瞬时脱扣整定电流应大于负载正常工作时可能出现的峰值电流。用于控制电动机的断路器，其瞬时脱扣整定电流可按 $I_Z \geqslant KI_{st}$ 选取。（式中 K 为安全系数，可取1.5～1.7；I_{st} 为电动机的启动电流。）

（4）欠压脱扣器的额定电压应等于线路的额定电压。

（5）断路器的极限通断能力应不小于电路最大短路电流。

低压断路器的选用举例

用低压断路器控制一台型号为Y132S-4的三相交流异步电动机，该电动机的额定功率为5.5kW，额定工作电压为380V，额定工作电流为11.6A，启动电流为额定电流的7倍，试选择断路器的型号与规格。

解：（1）确定断路器的类型：根据电动机的额定工作电压、电流及对保护的要求，初步确定选用 DZ1-20 型低压断路器。

（2）确定热脱扣器额定电流：根据电动机的额定工作电流查表 1-9，选择热脱扣器的额定电流为 15A，相应的电流整定范围为 10～15A。

（3）检验电磁脱扣器的瞬时脱扣整定电流：电磁脱扣器的瞬时脱扣整定电流应为 I_Z=10×15=150A，KI_{st}=1.7×7×11.6=138A。满足 $I_Z \geqslant KI_{st}$，符合要求。

（4）确定低压断路器的型号规格，根据以上分析与计算，应选用 DZ1-20/330 型低压断路器。

7．低压断路器的安装与使用方法

低压断路器的工作条件和安装条件与开启式负荷开关相同，但还应注意其安装场所的外磁场在任何方向不应超过地磁场的 5 倍。其安装与使用方法如下：

（1）必须垂直安装于配电板，其倾斜度不大于 5°，电源引线应接到上端，负载引线应接到下端。

（2）用作电源总开关或电动机的控制开关时，在电源进线侧必须加装刀开关或熔断器等作为隔离开关，以形成明显的断开点。

（3）使用前应将脱扣器工作面的防锈油脂擦干净；各脱扣器动作值一经调整好，不允许随意变动，以免影响其动作值。

（4）使用过程中若遇分断短路电流，应及时检查触头系统，若发现有电灼伤，应及时修理并更换。

（5）断路器上的积尘应定期清除，并定期检查各脱扣器动作值，给操作机构添加润滑剂。

8．低压断路器的常见故障及处理方法

低压断路器的常见故障及处理方法，如表 1-10 所示。

表 1-10　低压断路器的常见故障及处理方法

故障现象	可能原因	处理方法
不能合闸	（1）欠压脱扣器无电压或线圈损坏 （2）储能弹簧变形 （3）反作用弹簧力过大 （4）机械不能复位再扣	（1）检查电压或更换线圈 （2）更换储能弹簧 （3）重新调整 （4）调整再扣接触面到规定值
电流达到整定值，断路器不动作	（1）热脱扣器双金属片损坏 （2）电磁脱扣器的衔铁与铁芯距离太大或电磁线圈损坏 （3）主触头熔焊	（1）更换双金属片 （2）调整衔铁与铁芯的距离或更换新断路器 （3）检查原因并更换触头
启动电动机时断路器立即分断	（1）电磁脱扣器瞬时动作整定值过小 （2）电磁脱扣器损坏	（1）调高整定值至规定值 （2）更换脱扣器
断路器闭合后，经一定时间自行分断	热脱扣器整定值过小	调高整定值至规定值
断路器温升过高	（1）触头压力过小 （2）触头表面磨损或接触不良 （3）两个导电零件连接螺钉松动	（1）调整触头压力或更换弹簧 （2）更换触头或修整接触器 （3）重新拧紧

技能训练场 1　识别与检测低压开关

1．训练目标

（1）能分辨常用低压开关，知道其主要技术参数及适用范围。

（2）能判断常用低压开关的好坏。

2．准备工具、仪表及器材

（1）工具：尖嘴钳、螺钉旋具等常用电工工具。

（2）仪表：万用表、兆欧表等。

（3）器材：开启式负荷开关（HK1 系列）、封闭式负荷开关（HH3 系列）、组合开关（HZ10-25 系列）、低压断路器（DZ5、DZ10、DW10 等系列）等低压开关若干只。（上述器材的铭牌应用胶布盖住，并编号）

3．训练过程

（1）识别低压开关：识别所给低压开关，记录其名称、型号，画出其符号。

（2）识读说明书：根据所给低压开关的说明书，熟悉该电器的主要技术参数、适用场所、安装尺寸等。

（3）认识低压开关的结构：打开低压开关外壳，仔细观察其结构，熟悉其结构及工作原理。

（4）检测低压开关：将操作手柄扳到分闸、合闸位置，用万用表测量各对触头之间的接触情况。并用兆欧表测量每两相触头间的绝缘电阻，并判断其好坏。

表 1-11　检测低压开关

检测项目		分闸位置	合闸位置
万用表检测各相触头接触情况	L1 相		
	L2 相		
	L3 相		
兆欧表测量相间绝缘电阻	L1 与 L2 相间		
	L1 与 L3 相间		
	L3 与 L2 相间		
检测结果			

4．注意事项

（1）仪表使用时应注意仪表的使用规范。

（2）拆卸、测量电器元件时应防止损坏电器。

5．训练评价

训练评价标准，如表 1-12 所示。

表 1-12　评价标准

项　目	评价要素	评价标准	配分	扣分
识别低压开关	（1）正确识别低压开关名称 （2）正确说明型号的含义 （3）正确画出低压开关的符号	（1）写错或漏写名称　每只扣 5 分 （2）型号含义有错　每只扣 5 分 （3）符号写错　每只扣 5 分	40	
识读说明书	（1）说明低压开关主要技术参数 （2）说明安装场所 （3）说明安装尺寸	（1）技术参数说明有误　每项扣 2 分 （2）安装场所说明有误　每项扣 2 分 （3）安装尺寸说明有误　每项扣 2 分	10	
认识低压开关结构	正确说明低压开关各部分结构名称与作用	主要部件的名称、作用有误　每项扣 3 分	10	
检测低压开关	（1）规范选择、检查仪表 （2）规范使用仪表 （3）检测方法及结果正确	（1）仪表选择、检查有误　扣 10 分 （2）仪表使用不规范　扣 10 分 （3）检测方法及结果不正确　扣 10 分 （4）损坏仪表或不会检测　该项不得分	40	
技术资料归档	技术资料完整并归档	技术资料不完整或不归档酌情扣 3～5 分 注：本项从总分中扣除		
安全文明生产	违反安全文明生产规程　扣 5～40 分			
定额时间	40 分钟，每超时 5 分钟（不足 5 分钟以 5 分钟计）　扣 5 分			
备注	除定额时间外，各项目的最高扣分不应超过配分数			
开始时间		结束时间		实际时间		成绩	
学生自评： 学生签名：　年　月　日				
教师评语： 教师签名：　年　月　日				

任务 2　认识低压熔断器

熔断器是在低压电气控制设备中常用作短路保护的电器。使用时，其熔体串联在被保护的电路中，当电路发生短路故障，通过的电流达到或超过某一规定值时，以其自身产生的热量使熔体熔断，从而自动分断电路，起到保护作用。具有结构简单、价格便宜、动作可靠、使用维护方便等优点。

一、熔断器的结构与主要技术参数

1．熔断器的结构

熔断器主要由熔体、安装熔体的熔管和熔座三部分组成。

熔体是熔断器的主要组成部分，常做成丝状、片状或栅状。熔体的材料通常有两种，一种是由铅、铅锡合金或锌等低熔点材料制成，多用于小电流电路；另一种是由银、铜等较高熔点的金属制成，多用于大电流电路。

熔管是熔体的保护外壳，用耐热绝缘材料制成，在熔体熔断时兼有灭弧作用。

熔座是熔断器的底座，作用是固定熔管和外接引线。

2．熔断器的主要技术参数

熔断器的主要技术参数如表 1-13 所示。

表 1-13　熔断器的主要技术参数

参数名称	说　　明
额定电压	能保证熔断器长期正常工作的电压
额定电流	能保证熔断器长期正常工作的电流，是由熔断器各部分长期工作时的允许温升所决定的
分断能力	在规定的使用和性能条件下，熔断器在规定电压下能分断的预期分断电流值，常用极限分断电流值表示
时间-电流特性	在规定工作条件下，表征流过熔体的电流与熔体熔断时间关系的曲线，也称保护特性或熔断特性。它是一种反时限特性曲线，即熔断时间随着电流的增大而减小

指点迷津：熔断器的熔断电流与熔断时间的关系

熔断器熔体的熔断时间随着电流的增大而减小，即熔断器熔体通过的电流越大，熔断时间越短。根据对熔断器的要求，熔体在额定电流 I_N 下绝对不应熔断，所以最小熔断电流 I_{Rmin} 必须大于额定电流 I_N。一般熔断器的熔断电流 I_S 与熔断时间 t 的关系，如表 1-14 所示。

表 1-14　熔断器的熔断电流与熔断时间的关系

熔断电流 I_S（A）	$1.25I_N$	$1.6I_N$	$2.0I_N$	$2.5I_N$	$3.0I_N$	$4.0I_N$	$8.0I_N$	$10.0I_N$
熔断时间 t(s)	∞	3 600	40	8	4.5	2.5	1	0

可见，熔断器对过载反应很不灵敏，当发生轻度过载时，熔断器将持续很长时间才能熔断，有时甚至不能熔断。因此，除在照明、电热负荷电路中外，熔断器一般不宜作过载保护，主要用作短路保护。

想　一　想

- 熔断器除用在照明电路及电热负载电路外，为什么不宜用作过载保护，而主要用作短路保护？
- 在电动机控制线路中，熔断器为什么只能作短路保护，而不能作过载保护电器使用？

二、熔断器的型号与符号

熔断器的符号，如图 1-7 所示。熔断器的型号及含义如下：

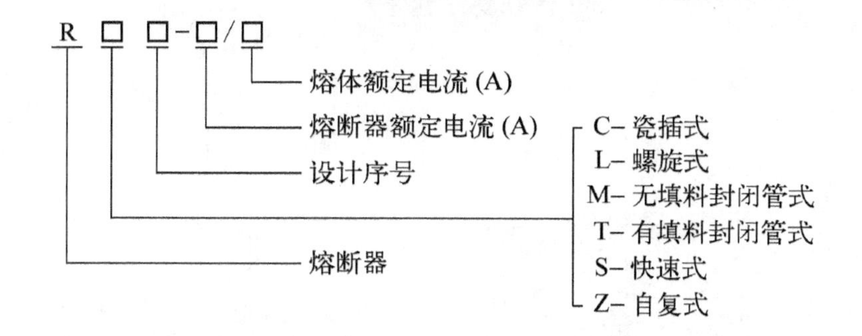

如型号为RC1A-15/10的熔断器，其中R表示熔断器，C表示瓷插式，设计代号为1A，熔断器的额定电流为15A，所配熔体的额定电流为10A。

三、常用低压熔断器

1. RC1A系列插入式熔断器

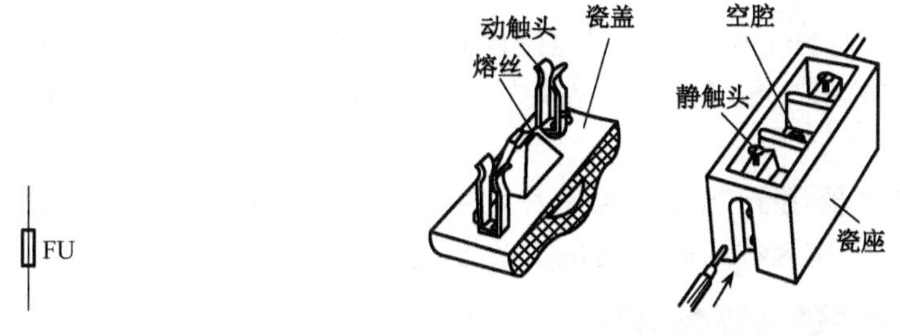

图1-7　熔断器的符号　　图1-8　RC1A系列瓷插式熔断器

如图1-8所示为RC1A系列瓷插式熔断器，是由瓷座、瓷盖、动触头、静触头及熔丝五部分组成。使用时将瓷盖插入瓷座，拔下瓷盖即可更换熔丝。但该系列熔断器采用半封闭结构，熔丝熔断时有声光现象，在易燃易爆的工作场所严禁使用，同时它的极限分断能力较差。

瓷插式熔断器主要用于交流50Hz、额定电压380V及以下，额定电流200A及以下的低压线路末端或分支线路中，作为线路或电气设备的短路保护，在照明线路和电热电器线路中可在一定程度上起到过载保护作用。

2. RL系列螺旋式熔断器

如图1-9所示为RL系列螺旋式熔断器的外形与结构，它由瓷帽、熔断管、瓷套、上接线座、下接线座及瓷底座等组成。熔断管内装有石英砂、熔丝和带小红点的熔断指示器，石英砂用于增强灭弧性能。该系列熔断器具有分断能力较高，结构紧凑，体积小，安装面积小，更换熔体方便，工作安全可靠，熔丝熔断后有明显指示的特点。当从瓷帽玻璃窗口观测到带小红点的熔断指示器自动脱落时，表示熔丝已熔断。

螺旋式熔断器主要适用于控制箱、配电屏、机床设备及振动较大的场所，一般在交流额定电压为500V，额定电流为200A及以下的电路中作为短路保护。

常用的RL系列熔断器有RL1、RL2、RL3、RL4、RL5等系列。

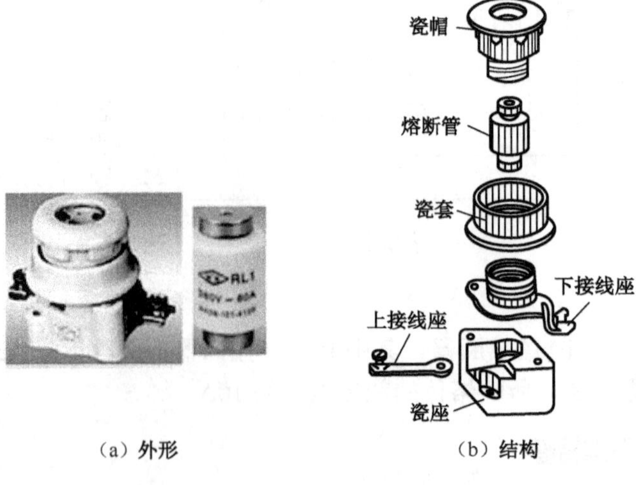

（a）外形　　（b）结构

图 1-9　RL 系列螺旋式熔断器

3．NG30 系列有填料封闭管式圆铜帽形熔断器

如图 1-10 所示为 NG30 系列有填料封闭管式圆铜帽形熔断器，由熔断体及熔断器支持件组成。其支持件有螺钉安装和卡入（安装轨）安装等安装形式。熔体熔断时其熔断指示灯会点亮。

NG30 系列熔断器用于交流 50Hz、额定电压 380V、额定电流 63A 及以下低压电气控制设备的配电线路中，作为线路的短路保护及过载保护。

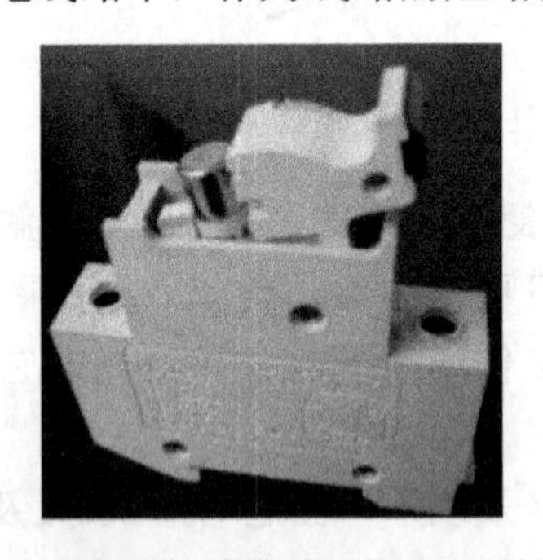

图 1-10　NG30 系列有填料封闭管式圆铜帽形熔断器

图 1-11　RS0、RS3 系列有填料快速熔断器

4．有填料快速熔断器

有填料快速熔断器又称为半导体器件保护用熔断器，主要有 RLS 和 RS 系列。RLS 系列是螺旋式快速熔断器，用于小容量硅整流元件的短路保护和某些过载保护。RS 系列又分为 RS0、RS3 系列（如图 1-11 所示），其熔断管内有石英砂填料，熔体也采用变截面形状、导热性能强、热容量小的银片，熔化速度快。

有填料快速熔断器主要用于交流 50Hz，额定电压 250～2 000V，额定电流至 7 000A 的半导体硅整流元件的过电流保护。

四、常见低压熔断器的主要技术参数

常用低压熔断器主要技术参数，如表 1-15 所示。

表1-15 常用低压熔断器主要技术参数

类　别	型 号	额定电压（V）	额定电流（A）	熔体额定电流等级（A）
瓷插式熔断器	RC1A	380	5	2，4，5
			10	2，4，6，10
			15	6，10，15
			30	15，20，25，30
			60	30，40，50，60
			100	60，80，100
螺旋式熔断器	RL1	500	15	2，4，6，10，15
			60	20，25，30，35，40，50，60
			100	60，80，100
			200	100，125，150，200
	RL2	500	25	2，4，6，10，15，20，25
			60	25，35，50，60
			100	80，100

指点迷津：熔断器额定电流与熔体额定电流的区别

熔断器的额定电流与熔体额定电流是两个不同的概念。熔体的额定电流是指在规定的工作条件下，长时间通过熔体而熔体不会熔断的最大电流值。通常，一个额定电流等级的熔断器可以配用若干个不同额定电流等级的熔体，但应保证熔体的额定电流值不能大于熔断器的额定电流值。如型号为RL1-60的熔断器，其额定电流为60A，它可以配用额定电流为20、25、30、35、40、50、60A的熔体。

五、熔断器的选用方法

熔断器有不同的类型和规格。对熔断器的要求是：在电气设备正常运行时，熔断器应不熔断；在出现短路故障时，应立即熔断；在电流发生正常变动（如电动机启动过程）时，熔断器应不熔断；在电气设备持续过载时，应延时熔断。因此，只有正确选用熔断器（包括熔断器及其熔体）才能起到保护作用。

熔断器的选用，除应满足熔断器的工作条件和安装条件外，其主要技术参数的选用方法如下：

1．熔断器类型的选择

熔断器的类型应根据使用环境、负载性质、短路电流的大小和熔断器的使用范围来选择。对于容量较大的照明电路，可选用RT系列圆筒帽形熔断器或RC1A系列瓷插式熔断器；对短路电流相当大的电路或有易燃气体环境，应选用RT0系列有填料封闭管式熔断器；在机床电气控制线路中，一般选用RL系列螺旋式熔断器；用于半导体功率元件及晶闸管元件的保护时，应选用RS或RLS系列快速熔断器。

2．熔断器额定电压和额定电流的选择

熔断器的额定电压应不小于线路的工作电压；熔断器的额定电流应不小于所装熔体的额

定电流；熔断器的分断能力应大于电路中可能出现的最大短路电流。

3. 熔体额定电流的选择

（1）用于照明与电热电路等负载电流比较平稳，没有冲击电流的短路保护，熔体额定电流应等于或稍大于所有负载工作电流之和。

（2）用于单台不经常启动且启动时间不长的电动机短路保护时，熔体额定电流≥（1.5～2.5）×电动机额定电流 I_N。

（3）用于多台直接启动电动机短路保护时，熔体额定电流≥（1.5～2.5）×容量最大一台电动机额定电流 I_{Nmax}＋其余电动机额定电流总和 ΣI_N。

（4）用于电子整流元件短路保护时，熔体额定电流≥1.57×整流元件额定电流 I_N。

熔断器的选用举例

某机床所用三相交流异步电动机的型号为 Y112M-4，该电动机的额定功率为 4kW，额定电压为 380V，额定电流为 8.8A；该电动机的工作方式为不频繁启动，若用熔断器作为该电动机的短路保护，试选择熔断器的型号与规格。

解：（1）确定熔断器的类型：由于该电动机是在机床内使用，所以可选用 RL1 系列螺旋式熔断器。

（2）确定熔体的额定电流：熔体额定电流=（1.5～2.5）×8.8=13.2～22A。

查熔断器技术参数表，可选用熔体的额定电流为 20A。

（3）确定熔断器的额定电流和额定电压：查熔断器技术参数表可知，可选用 RL1-60/20 型熔断器。

六、熔断器的安装与使用方法

RL、RT0、RS 等系列熔断器的工作条件和安装条件可参阅其使用说明书。其安装与使用方法如下：

（1）熔断器应完好无损，安装时应保证熔体和夹头以及夹头和夹座接触良好，并具有额定电压、电流值标志。

（2）瓷插式熔断器应垂直安装。螺旋式熔断器的电源进线应接在底座中心端的接线端子上，用电设备接线应接在螺旋壳的接线端子上。

（3）熔断器安装时应做到下一级熔体规格比上一级熔体规格小，各级熔体相互配合。

（4）严禁在三相四线制电路的中性线上安装熔断器。

（5）安装熔丝时，应保证接触良好，在螺栓上沿顺时针方向缠绕，注意不损伤熔丝。

（6）熔断器兼做隔离器件使用时应安装在控制开关的电源进线端；若仅做短路保护用，应安装在控制开关的出线端。

（7）熔体熔断后，应分析原因并排除故障后，再更换新的熔体；更换熔体或熔管时，必须切断电源，不允许带负荷操作，以免发生电弧灼伤；更换熔体时，不能轻易改变熔体的规格，更不能使用铜丝或铁丝代替熔体。

七、熔断器的常见故障及处理方法

熔断器的常见故障及处理方法，如表 1-16 所示。

表 1-16　熔断器的常见故障及处理方法

故障现象	可能原因	处理方法
电路接通瞬间，熔体熔断	（1）熔体电流等级选择过小 （2）负载侧短路或接地 （3）熔体安装时受机械损伤	（1）更换熔体 （2）排除负载故障 （3）更换熔体
熔体未见熔断，但电路不通	熔体或接线座接触不良	重新连接

技能训练场 2　识别与检测低压熔断器

1. 训练目标

（1）能分辨常用低压熔断器，知道其主要技术参数及适用范围。
（2）能判断常见低压熔断器的好坏。
（3）会更换熔体。

2. 准备工具、仪表及器材

（1）工具、仪表参考技能训练场 1，由学生自定。
（2）器材：RC1A、RL1、RS0 等系列熔断器多种规格若干只。

3. 训练过程

（1）识别熔断器、识读使用说明书要求同技能训练场 1。
（2）认识熔断器的结构：拆开熔断器外壳，仔细观察其结构，熟悉该电器的主要技术参数、适用场所、安装尺寸等。
（3）检测熔断器熔体：用万用表测量、检查熔断指示器等方法检查熔断器的熔体是否完好。
（4）更换熔断器的熔体：对已熔断的熔体，按原规格选配熔体，并更换。

4. 注意事项

对 RC1A 系列熔断器，安装熔丝时，熔丝缠绕方向一定要正确，安装过程中不得损伤熔丝；对 RL1 系列熔断器，熔管不能倒装。

5. 训练评价

训练评价标准见表 1-17，其余评价标准参考技能训练场 1。

表 1-17　评价标准

项　目	评价要素	评价标准	配分	扣分
识别熔断器	（1）正确识别熔断器类型 （2）正确说明型号的含义 （3）正确画出熔断器的符号	（1）写错或漏写类型　每只扣 5 分 （2）型号含义有错　每只扣 5 分 （3）符号写错　扣 5 分	20	
识读说明书	（1）说明熔断器的主要技术参数 （2）说明安装场所 （3）说明安装尺寸	（1）技术参数说明有误　每项扣 5 分 （2）安装场所说明有误　每项扣 5 分 （3）安装尺寸说明有误　每项扣 5 分	20	

续表

项　　目	评价要素	评价标准	配分	扣分
认识熔断器结构	正确说明熔断器各部分结构名称、作用	主要部件的名称、作用有误　每项扣2分	10	
检测熔断器	（1）规范选择、检查仪表 （2）规范使用仪表 （3）检测方法及结果正确	（1）仪表选择、检查有误　扣5分 （2）仪表使用不规范　扣5分 （3）检测方法及结果不正确　扣5分 （4）损坏仪表或不会检测　该项不得分	20	
更换熔体	（1）正确选配熔体 （2）正确更换熔体	（1）熔体选配不正确　扣10分 （2）更换熔体方法不正确　扣10分 （3）更换过程中损伤熔体　扣10分 （4）更换熔体后，熔断器断路　扣10分	30	
技术资料归档	技术资料完整并归档	技术资料不完整或不归档　酌情扣3～5分 注：本项从总分中扣除		

任务3　安装砂轮机控制线路

一、识读三相交流异步电动机手动正转控制线路

三相交流异步电动机手动正转控制线路只能控制电动机单向启动和停止，并带动生产机械的运动部件朝一个方向旋转或运动。手动正转控制线路是通过低压开关来控制电动机单向启动和停止的，在工厂、建筑工地等场所运用得很多，如各类机床中的油泵电动机、建筑工地的水泵、砂轮机、工厂电风扇等。

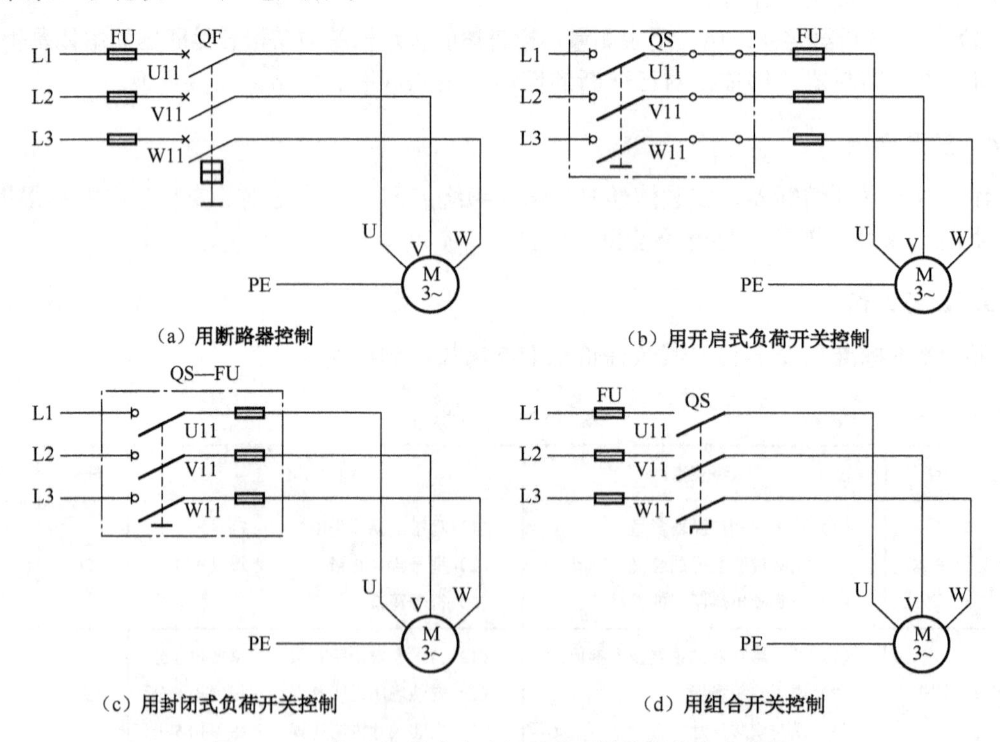

图1-12　三相交流异步电动机手动正转控制线路电路图

图 1-12（a）所示的控制线路是用低压断路器来控制的电动机控制线路。使用时，向上扳动低压断路器的操作手柄，三相交流异步电动机开始转动；使用完毕后，向下扳动操作手柄，三相交流异步电动机停止转动。当电动机或电源电路出现短路故障时，低压断路器会自动跳闸断开电路，起到短路保护作用。

这种控制线路非常简单，所用器件少、安装方便、制作成本低，低压断路器可以安装在墙上所安装的配电板上或配电箱内。控制线路由三相电源 L1、L2、L3、熔断器 FU、低压断路器 QF 和三相交流异步电动机 M 构成。砂轮机的控制和保护都是用低压断路器来实现的，熔断器只起电源隔离作用。电流从三相电源经熔断器、低压断路器流入电动机。

用开启式负荷开关、封闭式负荷开关和组合开关控制的手动正转控制线路，如图 1-12（b）、（c）、（d）所示。控制线路中的开启式负荷开关、封闭式负荷开关和组合开关只起接通和断开电源用，熔断器作短路保护（在组合开关控制的手动正转控制线路中还起电源隔离作用）。

技能训练场3　安装砂轮机控制线路

任务描述

小张上班时，领到了维修电工车间主任分配给他的工作任务单，要求完成 1#机加工车间“砂轮机控制线路”的安装任务（砂轮机已安装就位）。要求从车间动力配电箱引出电源，通过控制板将电源引入砂轮机。

砂轮机的主要技术参数：额定功率 1.5kW，额定电压 380V，额定工作电流 3.4A。

1. 训练目标

会正确安装砂轮机控制线路。

2. 工具、仪表及器材

根据砂轮机的技术参数及安装场地的要求，选配工具、仪表和器材，并进行质量检验，如表 1-18、1-19 所示。

表 1-18　工器具明细表

工器具分类	工器具名称、型号与规格	数　量
电工通用工具	验电笔、钢丝钳、螺钉旋具（一字和十字形）、电工刀、尖嘴钳、活动扳手、剥线钳等电工常用工具，可根据安装要求自定	1 套
测量仪表	万用表（M47 型）	1 只
	兆欧表（ZC25B-1500V　0～500MΩ）	1 只
	钳形电流表（MG1-1　　0～50A）	1 只
安装工具	电锤（GBH -28DRE）	1 只
	手提电钻	1 只
	梯子（直梯、人字梯）	各 1 把
	钢锯	1 把
	铁榔头	1 把

续表

工器具分类	工器具名称、型号与规格	数　量
安装工具	弯管弹簧	1根
	PVC 管子剪刀	1把
质检要求	（1）选配的工具、仪表应满足安装要求； （2）选配的工具、仪表应结构完整、技术参数符合使用要求。	

表 1-19　电器元件明细表

元件代号	电器元件名称	型　号	规　格	数　量
QS	开启式负荷开关	HK1-15	三极、额定电流 15A、额定电流 380V	1只
FU	熔断器	RC1A-15	额定电压 380V、额定电流 15A	3只
	控制电路板		400×300×20mm	1块
	电源电路塑料铜线		BV1mm²（红、绿、黄各一圈）	若干
	保护接地塑料铜线		BVR1.5 mm²（黄绿双色）	若干
	PVC 配线管		ϕ16mm	3根
	PVC 配线管接头、管夹等配件		与ϕ16mm PVC 管相配套	若干
	金属配线管及管夹		ϕ16mm	1根
	木螺钉		自定	若干
	膨胀螺栓		自定	若干

3．安装步骤及工艺要求

安装步骤及工艺要求，如表 1-20 所示。

表 1-20　砂轮机控制线路的安装步骤及工艺要求

序　号	安装步骤	工艺要求
1	检测安装所用的电器元件及配件	根据砂轮机技术参数检验电器元件及配件符合要求；电器元件外观应完整无损，附件、备件齐全
2	根据砂轮机的安装位置，确定线路走向、配线管和控制板支持点的位置，做好线路敷设前的准备工作	砂轮机电源线路穿 PVC 塑料管从车间配电箱引出后，垂直向上至天花板，水平走向至砂轮机前，通过配电板后，穿钢管沿墙向下至砂轮机
3	敷设配线管并穿线	（1）配电线的施工应按工艺要求进行，整个管路应连接成一体，并可靠接地 （2）管内导线不得有接头，导线穿管时不能损伤绝缘层，导线穿好后管口应套上护圈
4	安装控制板并固定	（1）控制板上电器元件安装应牢固，并符合工艺要求 （2）控制板必须安装在操作时能看到砂轮机的地方，以保证操作安全
5	连接控制板至砂轮机的电源线	连接可靠，符合工艺要求
6	连接接地线	砂轮机及控制开关的金属外壳以及连接成一体的钢管配线管，按规定要求必须接到保护接地专用的端子上
7	检查安装质量，并进行绝缘电阻等的测量	绝缘电阻应符合要求
8	从车间配电箱将三相电源接入控制板	
9	经指导教师检查合格后，进行通电试运行	要求一人操作，一人监护（监护人为指导教师）

4. 注意事项

（1）导线的数量可按敷设方式和管路长度来确定，配线管的直径应根据导线的总截面积来确定，导线的总截面不应大于配线管有效截面的 40%，其最小标称直径为 12mm。

（2）砂轮机使用的电源电压必须与铭牌上规定相一致。

（3）接线时，必须先接负载端，后接电源端；先接接地线，后接三相电源相线。

（4）通电试车时，必须先用验电笔检测砂轮机和电器元件金属外壳是否带电，若带电，则必须先排除故障后，才能再次通电。

（5）安装开启式负荷开关时，应将开关内的熔体部分用铜导线直接连接。

5. 训练评价

训练评价标准，如表 1-21 所示。

表 1-21 评价标准

项 目	评价要素	评价标准	配 分	扣 分
装前检查	（1）检查电器元件外观、附件、备件 （2）检查电器元件技术参数	（1）漏检或错检 每件扣 1 分 （2）技术参数不符合安装要求 每件扣 2 分	5	
安装电器元件及管路	（1）按电气布置图安装 （2）元件安装牢固 （3）元件安装整齐、匀称、合理 （4）损坏元件 （5）电线管安装规范	（1）不按电气布置图安装 扣 15 分 （2）元件安装不牢固 每只扣 4 分 （3）元件安装不整齐、不匀称、不合理 每只扣 3 分 （4）损坏元件 扣 15 分 （5）电线管支撑不牢固或管口无护圈 每处扣 3 分	30	
布线接线	（1）按控制线路电路图布线 （2）布线符合工艺要求 （3）接点符合工艺要求 （4）不损伤导线绝缘或线芯 （5）套装编码套管 （6）接地线安装 （7）布线接线程序规范	（1）不按控制线路电路图布线 扣 20 分 （2）布线不符合工艺要求 每根扣 3 分 （3）接点有松动、露铜过长、反圈等 每个扣 1 分 （4）损伤导线绝缘层或线芯 每根扣 5 分 （5）编码套管套装不正确 每处扣 1 分 （6）漏接接地线 扣 10 分 （7）布线接线程序错误 扣 10 分	35	
通电试车	（1）熔断器熔体配装合理 （2）验电操作符合规范 （3）通电试车操作规范 （4）通电试车成功	（1）配错熔体规格 扣 10 分 （2）验电操作不规范 扣 10 分 （3）通电试车操作不规范 扣 10 分 （4）通电试车不成功 每次扣 10 分	30	
技术资料归档	技术资料完整并归档	技术资料不完整或不归档 酌情扣 3～5 分		
安全文明生产	要求材料无浪费，现场整洁干净，废品清理分类符合要求；遵守安全操作规程，不发生任何安全事故。违反安全文明生产要求，酌情扣 5～40 分，情节严重者，可判本次技能操作训练为零分，甚至取消本次实训资格			
定额时间	180 分钟，每超时 5 分钟（不足 5 分钟以 5 分钟计） 扣 5 分			
备注	除定额时间外，各项目的最高扣分不应超过配分数			

续表

项　目	评价要素		评价标准		配　分	扣　分
开始时间		结束时间		实际时间		成绩	
学生自评： 学生签名：　　　　年　月　日						
教师评语： 教师签名：　　　　年　月　日						

思考与练习

1．什么是低压电器？举出几种你所熟悉的低压电器。
2．低压断路器具有哪些优点？它有哪些保护功能？
3．简述低压断路器、开启式负荷开关、封闭式负荷开关、组合开关的选用方法。
4．画出低压断路器、负载开关、组合开关的图形符号，并注明文字符号。
5．熔断器主要由哪几部分组成？各部分的作用是什么？
6．什么是熔体的额定电流？它与熔断器额定电流是否相同？
7．安装和使用熔断器时应注意哪些问题？

项目 2

安装与检修工业鼓风机控制线路

知识目标

熟悉接触器、热继电器、按钮的功能、结构与型号、技术参数、选用方法和安装与使用方法。

熟悉接触器、热继电器、按钮的工作原理及其在低压电气控制设备中的典型应用。

熟悉电动机正转（点动、连续、点动与连续）控制线路的功能及其在电气控制设备中的典型应用。

知道绘制、识读电气控制线路电路图的基本原则。

熟悉板前明配线电动机基本控制线路的安装步骤及工艺规范标准。

技能目标

能参照低压电器技术参数和工业鼓风机控制要求选用热继电器、接触器、按钮。

会正确安装和使用热继电器、接触器、按钮，能处理其常见故障。

会分析电动机正转控制线路的工作原理、特点及其在电气控制设备中的典型应用。

能根据要求安装与检修工业鼓风机控制线路。

能够完成工作记录、技术文件存档与评价反馈。

知识准备

电气图是一种工程图，它是用来描述电气控制设备的结构、工作原理和技术要求的图纸。电气图需要用统一的工程语言来表达，这个统一的工程语言应根据国家电气制图的标准，用标准的图形符号、文字符号及规定的画法绘制。

1. 电气图的分类

低压电气控制设备常见的电气图有电路图、接线图、布置图等，其定义、作用如表 2-1 所示。

表 2-1　电路图、接线图、布置图的定义、作用

名　称	定　义	功　能
电路图	电路图是依据生产机械的运动形式对电气控制系统的要求，采用国家统一规定的电气图形符号和文字符号，按电气控制设备和电器元件的工作顺序，详细表示电路、设备或成套装置的全部基本组成和连接关系，但不考虑电器元件实际安装位置的一种简图	能充分表达电气控制设备和各电器元件的用途、作用和工作原理，是电气控制线路安装、调试和检修的依据

续表

名 称	定 义	功 能
布置图	布置图主要用来表明电气控制设备上所有电动机、电器的实际位置，是生产机械的电气控制设备在制造、安装与检修中必不可少的技术文件。 布置图依据电器元件在控制线路板上的实际安装位置，采用简化的外形符号（如正方形、圆形等）绘制的一种简图。 布置图中各电器元件的文字符号则必须与电路图、接线图的标注相一致	它不能代表各电器元件的具体结构、作用、接线情况以及工作原理，主要用于电器元件安装位置的确定
接线图	接线图是依据电气控制设备和电器元件的实际位置和安装情况绘制的，仅用来表示电气控制设备和电器元件的实际安装位置、配线和接线方式，它不能明显地表示电气动作原理	主要用于电气控制线路的安装接线、检修与故障处理

2. 电气控制线路电路图的绘制方法

电动机电气控制线路电路图一般分电源电路、主电路和辅助电路 3 部分绘制。电气控制线路电路图的绘制方法，如表 2-2 所示。

表 2-2 电气控制线路电路图的绘制方法

电路名称	电路定义	绘制原则
电源电路	指电气控制线路电源的引入电路	应画成水平线，三相交流电路相序 L1、L2、L3 自上而下依次画出，中性线 N 和保护接地线 PE 依次画在相线之下。直流电源的“+”端画在上边，“−”端画在下边。电源开关也应水平画出
主电路	指受电的动力装置及控制、保护电器的支路等，它由主电路熔断器、接触器的主触头、热继电器的热元件以及电动机等组成。主电路通过电动机的工作电流，电流较大	一般画在电路图的左侧并垂直电源电路，三相交流电路相序 L1、L2、L3 自左向右依次画出
辅助电路	一般包括控制主电路工作状态的控制电路、显示主电路工作状态的指示电路、提供电气控制设备局部照明的照明电路等。由主令电器的触头、接触器线圈及辅助触头、继电器线圈及触头、指示灯和照明灯等组成。辅助电路所通过的电流较小，一般不超过 5A	辅助电路要跨接在两相电源线之间，一般按控制电路、指示电路、照明电路的顺序依次垂直画在主电路的右侧，且电路中与下边电源线相连的耗能元件（线圈、指示灯等）要画在电路图的下方，各电器元件的触头要画在耗能元件与上边电源线之间。为识读方便，一般按自左到右、自上到下的排列来表示操作顺序
注意事项	（1）电源电路、主电路、辅助电路要分开绘制。 （2）各电器元件的触头位置均应按电路未通电或电器元件未受外力作用时的常态位置画出。同样，分析线路的工作原理时，应从各触头的常态位置出发。 （3）应尽可能减少线条和避免线条交叉。对有直接电联系的交叉导线连接点，要用小黑圆点表示；无直接电联系的交叉导线则不画小黑圆点。 （4）电路图中，不画各电器元件的实际外形图，采用国家统一规定的电气图形符号画出。 （5）电路图中，同一电器元件的不同部分按其在电路中所起的作用不同而画在不同的电路中，但它们的动作是相互关联的，因此，必须标注相同的文字符号。对于相同的电器元件较多时，需要在各电器元件的文字符号后面加注不同的数字，以示区别，如 KA1、KA2 等。 （6）电路图中各个接点可用字母或数字进行编号，称为电路标号。	

任务1　认识交流接触器

接触器是低压电气控制设备中一种重要的低压控制电器。按主触头通过电流的种类，可分为交流接触器和直流接触器两种。本任务主要介绍交流接触器。

交流接触器的种类较多，其中空气电磁式交流接触器应用最广，图2-1所示为部分交流接触器的外形。

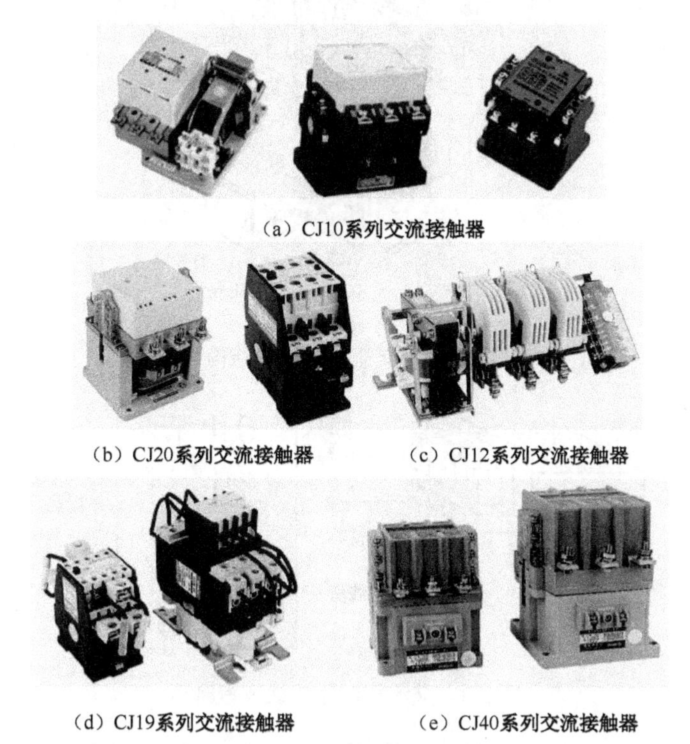

（a）CJ10系列交流接触器

（b）CJ20系列交流接触器　（c）CJ12系列交流接触器

（d）CJ19系列交流接触器　（e）CJ40系列交流接触器

图2-1　交流接触器的外形

1．交流接触器的功能

交流接触器的主要控制对象是电动机，还可以控制电热设备、电焊机、电容器等其他负载。它不仅能够远距离自动操作和有欠电压释放保护功能，而且有控制容量大、工作可靠、操作频率高、使用寿命长等特点。

2．交流接触器的结构、工作原理与型号

1）交流接触器的结构

交流接触器主要由电磁系统、触头系统、灭弧装置及辅助部件等组成，其结构如图2-2所示。

（1）电磁系统：电磁系统主要由线圈、铁芯（静铁芯）和衔铁（动铁芯）三部分组成。其作用是通过电磁线圈的通电或断电，使衔铁和铁芯吸合或释放，从而带动动触头与静触头闭合或分断，实现接通或断开电路的目的。

静铁芯在下、动铁芯在上，线圈装在静铁芯上。铁芯是交流接触器发热的主要部件，静、动铁芯一般用E形硅钢片叠压而成，以减少铁芯的磁滞与涡流损耗，避免铁芯过热。另外，在E形铁芯的中柱端面留有0.1～0.2mm的气隙，以减小剩磁影响，避免线圈断电后衔铁粘

住不能释放。铁芯的两个端面上嵌有短路环，如图 2-3 所示，用于消除电磁系统的振动和噪声。线圈做成粗而短的圆筒形，且在线圈和铁芯之间留有空隙，以增强铁芯的散热效果。

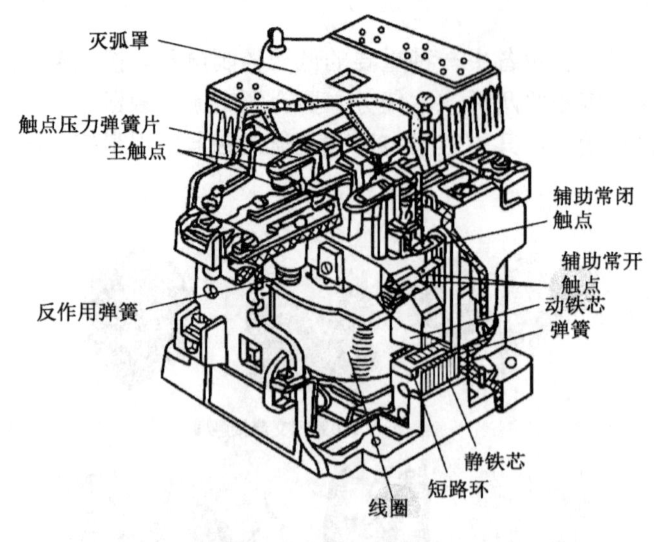

图 2-2 交流接触器的结构

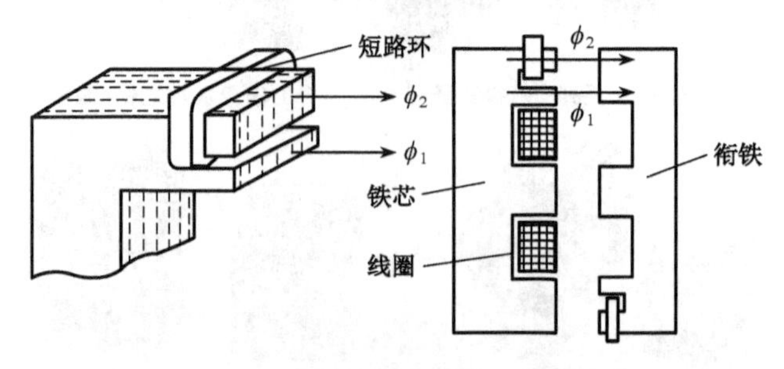

图 2-3 交流接触器的铁芯短路环

（2）触头系统：交流接触器的触头按通断能力分为主触头和辅助触头。主触头用以通断电流较大的主电路，一般由三对接触面较大的常开触头组成。辅助触头用以通断电流较小的控制电路，一般由两对常开触头和两对常闭触头组成。当线圈通电时，常闭触头先断开，常开触头随后闭合，中间有一个很短的时间差。当线圈断电后，常开触头先恢复断开，随后常闭触头恢复闭合，中间也存在一个很短的时间差。这个时间差虽短，但对分析线路的控制原理却很重要。

交流接触器的触头按接触形式可分为点接触式、线接触式和面接触式三种，如图 2-4 所示。

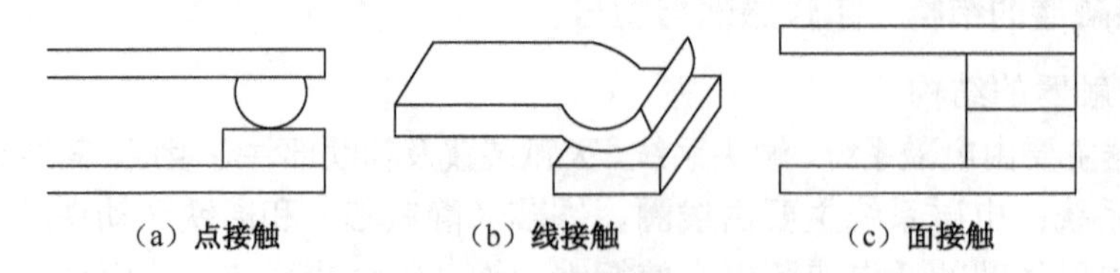

图 2-4 接触器触头的三种形式

按触头的结构形式可分为桥式触头和指形触头两种，如图 2-5 所示。CJ10 系列交流接触器的触头一般采用双断点桥式触头。其动触头用紫铜片冲压而成，在触头桥的两端镶有银基合金制成的触头块，以避免接触头由于产生氧化铜而影响其导电性能。静触头一般用黄铜板冲压而成，一端镶焊触头块，另一端为接线柱。在触头上装有压力弹簧片，用以减小接触电阻及消除开始接触时产生的有害振动。

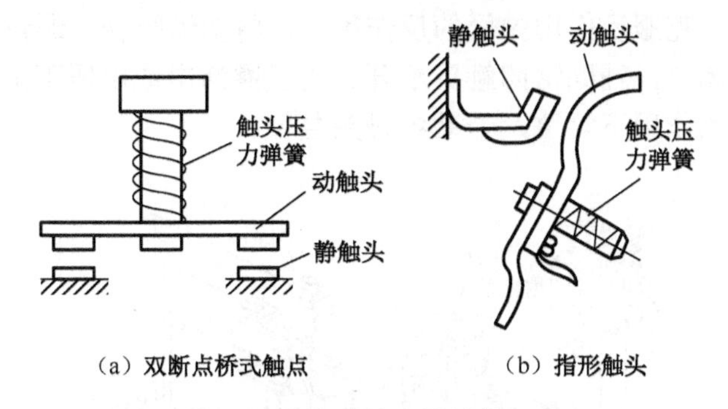

（a）双断点桥式触点　（b）指形触头

图 2-5　接触器触头的结构形式

（3）灭弧装置：交流接触器在断开大电流或高电压电路时，在动、静触头之间会产生很强的电弧。电弧会灼伤触头，减少触头的使用寿命，同时会使电路切断的时间延长，甚至造成弧光短路或引起火灾事故。因此，需要有灭弧装置使触头间的电弧尽快熄灭。

交流接触器常用双断口结构电动力灭弧、纵缝灭弧、栅片灭弧等方式灭弧，如图 2-6 所示。

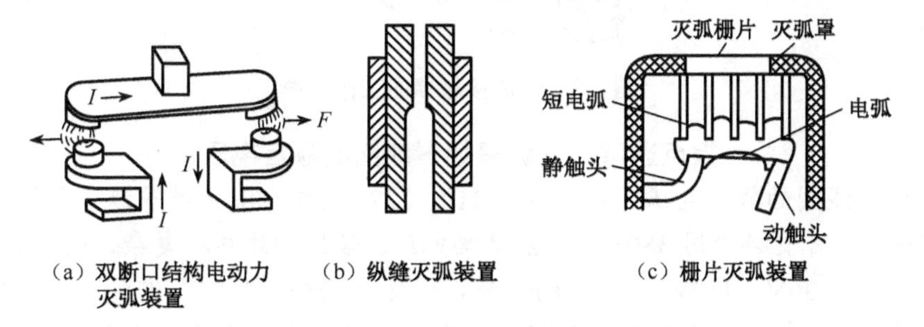

（a）双断口结构电动力灭弧装置　（b）纵缝灭弧装置　（c）栅片灭弧装置

图 2-6　交流接触器常用的灭弧装置

对于容量较小的交流接触器，如 CJ10-10 型，一般采用双断口结构电动力灭弧装置；对于额定电流在 20A 及以上的 CJ10 系列交流接触器，常采用纵缝灭弧装置；对于容量较大的交流接触器，多采用栅片灭弧装置。

指点迷津：接触器不能取下灭弧罩运行

接触器切忌在取下灭弧罩或灭弧罩破损的情况下进行带负荷接通与分断操作，否则会造成电气触头烧损，严重时将发生电弧相间短路，引起较大的破坏性事故。若确实因电气检修需要观察主触头的开、闭状态，必须先将输出端负载接线端卸掉。

（4）辅助部件：主要有反作用弹簧、缓冲弹簧、触头压力弹簧、传动机构、接线柱等组成。

2）交流接触器的符号

交流接触器在电路图中的符号如图 2-7 所示。

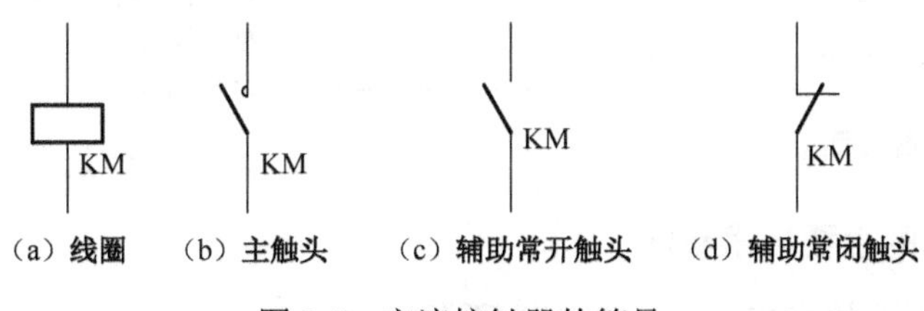

（a）线圈　（b）主触头　（c）辅助常开触头　（d）辅助常闭触头

图 2-7　交流接触器的符号

3）交流接触器的工作原理

交流接触器的工作原理如图 2-8 所示。当其线圈得电后，线圈中流过的电流产生磁场，使铁芯以足够的吸力，克服反作用弹簧的反作用力，将衔铁吸合，通过传动机构带动三对主触头和辅助常开触头闭合，辅助常闭触头断开。当线圈断电或电压下降时，电磁吸力过小，衔铁在反作用力弹簧的作用下复位，带动各触头复位。

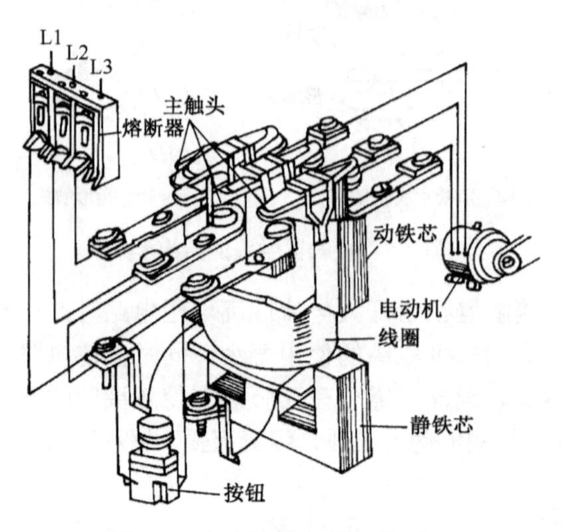

图 2-8　交流接触器的工作原理

指点迷津：交流接触器线圈的额定电压

交流接触器线圈的额定电压可分为 36、110、127、220、380V 等等级，当控制线路简单、使用电器较少时，可直接选用 380V 或 220V 的电压。若控制线路较复杂、使用的电器个数超过 5 只时，可选用 36V、110V、127V 的电压，以保证安全，但需要增加一个控制变压器。

常用的 CJ10 等系列交流接触器在 85%～105%倍的额定电压下，能保证可靠地吸合。当线圈电压过高时，磁路趋于饱和，线圈电流会显著增大；当线圈电压过低时，电磁吸力将不足，衔铁吸合不上，线圈电流会达到额定电流的十几倍，因此，线圈电压过高或过低都会造成线圈过热而烧毁。

当交流接触器线圈电压低于额定电压的 85%时，由于电磁吸力不足，将使动、静铁芯自动分开，使其主触头断开，从而切断主电路，使电动机等电气设备自动断电。所以，使用交流接触器控制电动机等电气设备时，控制线路就具有欠压、失压保护功能。

4）交流接触器的型号及含义

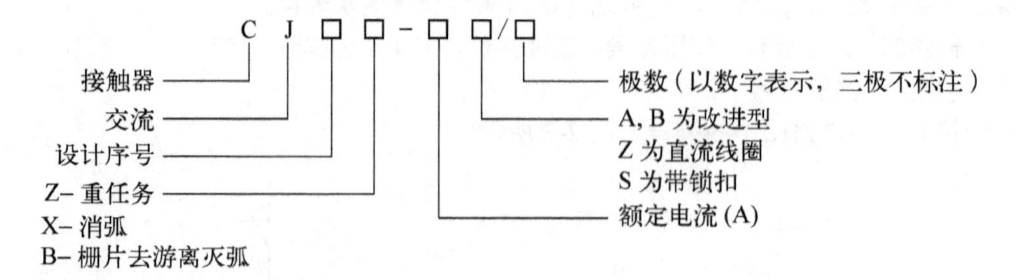

3．交流接触器的主要技术参数

交流接触器的主要技术参数，如表 2-3 所示。

表 2-3 交流接触器的主要技术参数

<table>
<tr><th rowspan="3">型号</th><th colspan="3">主触头</th><th colspan="3">辅助触头</th><th colspan="2">线圈</th><th colspan="2">可控制三相交流异步电动机的最大功率（kW）</th><th rowspan="3">额定操作频率（次/h）</th></tr>
<tr><th rowspan="2">对数</th><th rowspan="2">额定电流（A）</th><th rowspan="2">额定电压（V）</th><th rowspan="2">对数</th><th rowspan="2">额定电流（A）</th><th rowspan="2">额定电压（V）</th><th rowspan="2">电压（V）</th><th rowspan="2">功率（VA）</th><th>220V</th><th>380V</th></tr>
<tr></tr>
<tr><td>CJ0-10</td><td>3</td><td>10</td><td rowspan="8">380</td><td rowspan="8">均为 2 常开 2 常闭</td><td rowspan="8">5</td><td rowspan="8">380</td><td rowspan="8">可为 36、110、127、220、380</td><td>14</td><td>2.5</td><td>4</td><td rowspan="8">≤600</td></tr>
<tr><td>CJ0-20</td><td>3</td><td>20</td><td>33</td><td>5.5</td><td>10</td></tr>
<tr><td>CJ0-40</td><td>3</td><td>40</td><td>33</td><td>11</td><td>20</td></tr>
<tr><td>CJ0-75</td><td>3</td><td>75</td><td>55</td><td>22</td><td>40</td></tr>
<tr><td>CJ10-10</td><td>3</td><td>10</td><td>11</td><td>2.2</td><td>4</td></tr>
<tr><td>CJ10-20</td><td>3</td><td>20</td><td>22</td><td>5.5</td><td>10</td></tr>
<tr><td>CJ10-40</td><td>3</td><td>40</td><td>32</td><td>11</td><td>20</td></tr>
<tr><td>CJ10-60</td><td>3</td><td>60</td><td>70</td><td>17</td><td>30</td></tr>
</table>

4．交流接触器的选用方法

交流接触器选用时，除应满足其工作条件和安装条件外，其主要技术参数的选用方法如下：

（1）根据所控制的电动机及负载电流类别，选用接触器的类型。

（2）接触器的主触头额定电压应大于或等于负载工作电压。

（3）接触器的主触头额定电流应大于或等于负载工作电流。如果接触器用来控制电动机的频繁启动、正反转等场所，应将接触器主触头额定电流降低一个等级使用。

（4）根据控制电路的电压选用不同线圈电压等级的接触器。

5．交流接触器的安装与使用方法

CJ10 等系列交流接触器的工作条件和安装条件可参阅使用说明书。其安装与使用方法如下：

1）安装前的检查

（1）应检查接触器的铭牌与线圈的技术数据（如额定电压、电流、操作频率等）是否符合实际要求。

（2）应检查接触器的外观有无机械损伤、可动部分动作是否灵活、灭弧罩是否完整及固定是否牢固。

（3）应将铁芯端面上的防锈油脂或粘在端面上的污垢用煤油擦净，以免多次使用后衔铁被粘住，造成断电后不能释放。

（4）应检查和调整触头的工作参数（开距、超程、初压力和终压力等），并使各极触头同时接触。

（5）应测量接触器的线圈电阻和绝缘电阻是否符合要求。

2）交流接触器的安装

（1）一般应安装在垂直面上，倾斜度不得超过 5°；若有散热孔，则应将有孔的一面放在垂直方向上，以利散热，并按规定留有适当的飞弧空间，以防飞弧烧坏相邻电器。

（2）安装和接线时，注意不能将零件失落或掉入接触器内部。安装孔的螺钉应装有弹簧垫圈和平垫圈，并拧紧螺钉以防振动松脱。

（3）安装完后应检查接线是否正确无误，在主触头不带电的情况下手动操作几次，然后测量产品的动作值和释放值，所测数值应符合产品规定值。

（4）用于可逆转换的交流接触器，为保证联锁可靠，除应装电气联锁外，还应加装机械联锁机构。

6. 交流接触器的常见故障及处理方法

交流接触器的常见故障及处理方法，如表2-4所示。

表2-4　交流接触器的常见故障及处理方法

故障现象	可能原因	处理方法
触头过热	（1）动、静触头间的电流过大（触头容量选择不当或带故障运行；系统电压过高或过低；用电设备超负荷运行等） （2）动、静触头间的接触电阻过大（触头压力不足；触头表面接触不良）	（1）更换接触器；检查系统电源电压是否正常；检查设备是否超负荷 （2）更换触头压力弹簧；修整触头表面等
触头磨损	（1）电磨损 （2）机械磨损	更换新触头，若磨损过快，应查明原因，排除故障
触头熔焊	（1）接触器容量选择不当，负载电流超过触头容量 （2）触头压力过小 （3）线路过载，使通过触头的电流过大	（1）选择合适的接触器 （2）更换和调整触头压力弹簧 （3）查明原因后更换新触头
铁芯噪声大	（1）衔铁与铁芯的接触面接触不良或衔铁歪斜 （2）短路环损坏 （3）机械方面原因	（1）修整铁芯接触面 （2）更换短路环 （3）消除机械原因
衔铁吸不上	（1）线圈引出线连接处脱落、线圈断线或烧毁 （2）电源电压过低 （3）机械部分卡阻	（1）更换线圈 （2）查电压过低原因 （3）消除机械原因
衔铁不能释放	（1）触头熔焊 （2）机械部分卡阻 （3）反作用弹簧损坏 （4）铁芯端面有油污 （5）E形铁芯的防剩磁间隙过小，导致剩磁过大	（1）更换触头 （2）消除机械原因 （3）更换反作用弹簧 （4）清除铁芯端面油污 （5）调整剩磁间隙
线圈过热或烧毁	（1）线圈匝间短路（线圈绝缘损坏或受机械损伤，形成匝间短路或局部对地短路） （2）铁芯与衔铁闭合时有间隙 （3）线圈两端电压过高或过低	（1）更换线圈 （2）调整铁芯与衔铁间的间隙 （3）检查线圈电源电压，保证线圈电压符合参数要求

技能训练场4　识别与检测交流接触器

1. 训练目标

（1）能分辨交流接触器，知道其主要技术参数与适用范围。

（2）能判断交流接触器的好坏。

2. 准备工具、仪表及器材

（1）工具、仪表由学生自行选择。

（2）器材：CJ10（CJT1）、CJ20、CJX1等系列交流接触器，其型号规格自定。

3. 训练过程

（1）识别交流接触器、识读使用说明书要求同技能训练场 1。

（2）认识交流接触器的结构：打开交流接触器外壳，仔细观察其结构，熟悉其结构及工作原理。

（3）检测交流接触器：分别使交流接触器在自由释放位置和吸合位置，用万用表测量各对触头之间的接触情况及线圈的直流电阻；再用兆欧表测量每两相触头间的绝缘电阻，并判断其好坏；将结果填入表 2-5 中。

表 2-5 检测交流接触器

主触头电阻值（Ω）						辅助触头电阻值（Ω）	
断开时			吸合时			断开时	吸合时
L1	L2	L3	L1	L2	L3	常开触头	常闭触头
线圈直流电阻							
测量结果评价							

4. 训练注意事项和评价

可参考技能训练场 1。

任务 2 认识热继电器

继电器是一种根据输入信号（电量或非电量）的变化，接通或断开小电流电路，实现自动控制和保护电力拖动装置的电器。继电器一般不直接控制电流较大的主电路，而是通过接触器或其他电器对主电路进行控制。它具有触头分断能力小、结构简单、体积小、重量轻、反应灵敏、动作准确、工作可靠等优点。

继电器按输入信号的性质可分为：电压继电器、电流继电器、速度继电器、压力继电器等；按工作原理可分为：电磁式继电器、电动式继电器、感应式继电器、晶体管式继电器和热继电器等；按输出方式可分为：有触头式和无触头式。

本任务主要介绍热继电器。

1. 热继电器的功能

热继电器主要与接触器配合使用，用作电动机的过载保护、断相保护、三相电流不平衡运行的保护及其他电气设备发热状态的控制。

2. 热继电器的结构、工作原理与符号

1）热继电器的结构

热继电器的形式以双金属片应用最多。按极数划分可分为单极、两极和三极三种，其中三极又可分为带断相保护装置和不带断相保护装置两种；按复位形式又可分为自动复位式（触头动作后能自动返回原位）和手动复位式两种。

每一系列的热继电器一般只能和相适应系列的接触器配套使用，如 JR36 系列热继电器与 CJT1 系列交流接触器配套使用，JR20 系列热继电器与 CJ20 系列交流接触器配套使用，T 系列热继电器与 B 系列交流接触器配套使用等。

图 2-9 所示为常用热继电器的外形图，它们均为双金属片式，图 2-10 所示为三极双金属片热继电器的结构。它主要由热元件（主双金属片）、传动机构、常闭触头、电流整定装置和复位按钮组成，其热元件由主双金属片和绕在外面的电阻丝组成。主双金属片由两种热膨胀系数不同的金属片复合而成。

2）热继电器的工作原理

热继电器是利用流过继电器的电流所产生的热效应而反时限动作的自动保护电器，其延时动作的时间随着通过电路电流的增加而缩短。

热继电器使用时，其热元件串联在电动机或其他用电设备的主电路中，常闭触头串联在被保护的控制电路中。一旦电动机过载，会有较大电流通过热元件，电阻丝的发热量增多，温度升高，热元件变形弯曲，通过传动机构，分断接入控制电路中的常闭触头，使接触器线圈断电，从而切断主电路，起过载保护作用。热继电器的复位机构有手动复位和自动复位两种形式，可根据使用要求通过复位调节螺钉来自由调整选择。一般自动复位时间不大于 5 分钟，手动复位时间不大于 2 分钟。

热继电器整定电流的大小可通过旋转电流整定旋钮来调节，旋钮上刻有整定电流值标尺。其整定电流是指热继电器连续工作而不动作的最大电流，超过整定电流，热继电器将在负载未达到其允许的过载极限之前动作。

3）热继电器的符号

热继电器的符号如图 2-11 所示。

（a）JR20系列　（b）JR36系列　（c）T系列

图 2-9　热继电器的外形

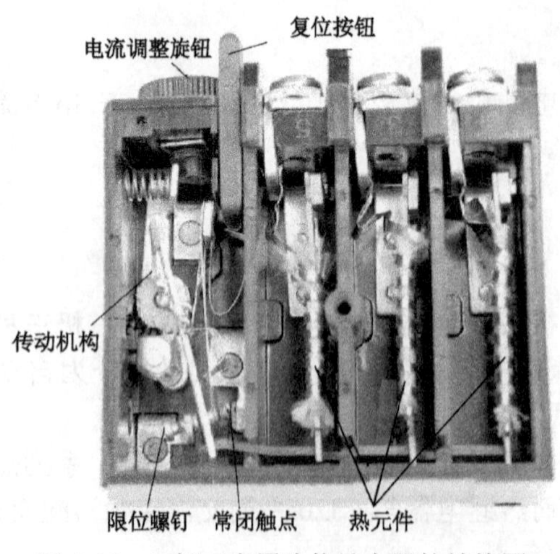

图 2-10　三极双金属片热继电器的结构图

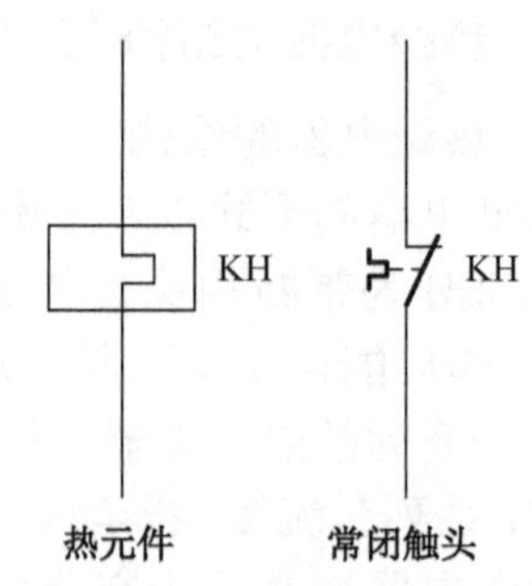

图 2-11　热继电器的符号

指点迷津：热继电器在电动机控制线路中不能作为短路保护器件使用

由于热继电器主双金属片受热膨胀的热惯性及传动机构传递信号的惰性，热电器从电动机过载到触头动作需要一定的时间，也就是说，即使电动机严重过载甚至短路，热继电器也不会瞬时动作，因此，热继电器不能作电动机的短路保护。也正是这个热惯性及传动机构传递信号的惰性，保证了热继电器在电动机启动或短时过载时不会动作，从而满足了电动机的运行要求。

3．热继电器的型号及含义

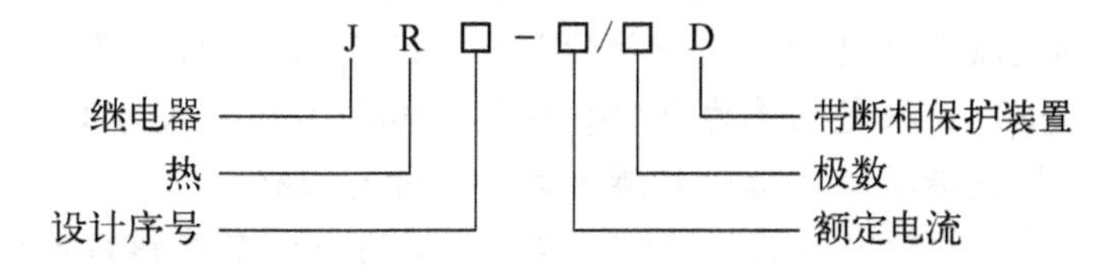

4．热继电器的技术参数

常用热继电器的主要技术参数，如表 2-6 所示。

表 2-6　常用热继电器的主要技术参数

<table>
<tr><th rowspan="2">型号</th><th rowspan="2">额定电压（V）</th><th rowspan="2">额定电流（A）</th><th rowspan="2">相数</th><th colspan="3">热元件</th><th rowspan="2">断相保护</th><th rowspan="2">温度补偿</th><th rowspan="2">复位方式</th><th rowspan="2">动作灵活性检测装置</th><th rowspan="2">动作后的指示</th><th rowspan="2">触头数量</th></tr>
<tr><th>最小规格</th><th>最大规格</th><th>挡数</th></tr>
<tr><td rowspan="3">JR16（JR0）</td><td rowspan="7">380</td><td>20</td><td>3</td><td>0.25～0.35</td><td>14～22</td><td>12</td><td rowspan="3">有</td><td rowspan="7">有</td><td rowspan="7">手动或自动</td><td rowspan="7">无</td><td rowspan="7">无</td><td rowspan="7">1 常开、1 常闭</td></tr>
<tr><td>60</td><td>3</td><td>14～22</td><td>10～63</td><td>4</td></tr>
<tr><td>150</td><td>3</td><td>40～63</td><td>100～160</td><td>4</td></tr>
<tr><td rowspan="4">JR15</td><td>10</td><td rowspan="4">2</td><td>0.25～0.35</td><td>6.8～11</td><td>10</td><td rowspan="4">无</td></tr>
<tr><td>40</td><td>6.8～11</td><td>30～45</td><td>5</td></tr>
<tr><td>100</td><td>32～50</td><td>60～100</td><td>3</td></tr>
<tr><td>150</td><td>68～110</td><td>100～150</td><td>2</td></tr>
<tr><td rowspan="8">JR20</td><td rowspan="8">660</td><td>6.3</td><td rowspan="8">3</td><td>0.1～0.15</td><td>5～7.4</td><td>14</td><td>无</td><td rowspan="8">有</td><td rowspan="8">手动或自动</td><td rowspan="8">有</td><td rowspan="8">有</td><td rowspan="8">1 常开、1 常闭</td></tr>
<tr><td>16</td><td>3.5～5.3</td><td>14～18</td><td>6</td><td rowspan="7">有</td></tr>
<tr><td>32</td><td>8～12</td><td>28～36</td><td>6</td></tr>
<tr><td>63</td><td>16～24</td><td>55～71</td><td>6</td></tr>
<tr><td>160</td><td>33～47</td><td>144～170</td><td>9</td></tr>
<tr><td>250</td><td>83～125</td><td>167～250</td><td>4</td></tr>
<tr><td>400</td><td>130～195</td><td>267～400</td><td>4</td></tr>
<tr><td>630</td><td>200～300</td><td>420～630</td><td>4</td></tr>
</table>

5．热继电器的选用方法

热继电器的选用除应满足其工作条件和安装条件外，其主要技术参数的选择方法如下：

（1）根据电动机的额定电流选择热继电器的规格。一般应使热继电器的额定电流略大于电动机的额定电流。

（2）根据需要的整定电流值选择热元件的编号和电流等级。一般情况下，热元件的整定电流为电动机额定电流的0.95～1.05倍。但对电动机所拖动的冲击性负载或启动时间较长及所拖动设备不允许停电的场所，其整定电流值可取电动机额定电流的1.1～1.5倍。如果电动机的过载能力较差，其整定电流可取电动机额定电流的0.6～0.8倍。同时，整定电流应留有一定的上下限调整范围。

（3）根据电动机定子绕组的连接方式选择热继电器的结构形式。对定子绕组接成Y形的电动机可选用普通三相结构的热继电器，而作Δ连接的电动机应选用带断相保护装置的热继电器。

热继电器的选用举例

某机床所用三相交流异步电动机的型号为Y132M1-6，定子绕组为Δ接法，额定功率为4.5kW，额定电压为380V，额定电流为9.4A；该电动机的工作方式为不频繁启动，若用热继电器作为该电动机的过载保护，试选择热继电器的型号与规格。

解:（1）根据电动机的额定电流为9.4A，查表2-6可知，应选择额定电流为20A的热继电器，其整定电流可取电动机的额定电流9.4A，热元件的电流等级选用11A，其调节范围为6.8～11.0A。

（2）由于电动机的定子绕组为Δ接法，应选用带断相保护装置的热继电器。

因此，应选用型号为JR16-20/3D的热继电器，热元件的额定电流选用11A，整定电流为9.4A。

6．热继电器的安装与使用方法

热继电器的工作条件和安装条件可参阅使用说明书，其安装与使用方法如下：

（1）必须按使用说明书中规定的方式安装。所处的环境温度应与电动机所处环境温度基本相同。当与其他电器安装在一起时，应注意将热继电器安装在其他电器的下方，以免动作特性受到其他电器发热的影响。

（2）安装时应清除触头表面的尘污，以免接触电阻过大。

（3）热继电器出线端的连接导线应按表2-7规定选用，这是因为导线的粗细和材料将影响热元件端接点传导到外部热量的多少。导线过细，轴向导热性差，热继电器可能提前动作；反之，导线过粗，轴向导热快，热继电器可能滞后动作。

表2-7　热继电器出线端导线的选用

热继电器的额定电流（A）	连接导线截面积（mm^2）	连接导线种类
10	2.5	单股铜芯塑料导线
20	4	单股铜芯塑料导线
60	16	多股铜芯塑料导线

（4）应在安装前整定好热继电器的整定电流。

（5）应将复位方式按需求调节好。热继电器在出厂时均调整为手动复位方式，如果需要自动复位，只要将复位螺钉沿顺时针方向旋转3～4圈，并稍微拧紧即可。

（6）使用期间应定期通电检验。

7．热继电器的常见故障及处理方法

热继电器的常见故障及处理方法，如表2-8所示。

表 2-8　热继电器的常见故障及处理方法

故障现象	可能原因	处理方法
热元件烧断	（1）负载侧电流过大或短路 （2）动作频率过高	（1）排除故障，更换热继电器 （2）更换参数合适的热继电器
热继电器不动作	（1）热继电器的额定电流值选用不合适 （2）整定值偏大 （3）动作触头接触不良 （4）热元件烧断或脱焊 （5）动作机构卡阻 （6）导板脱出	（1）按所保护设备额定电流重新选择 （2）合理调整整定值 （3）消除触头接触不良因素 （4）更换热继电器 （5）消除卡阻原因 （6）重新调整并调试
动作不稳定，时快时慢	（1）内部机构某些部件松动 （2）双金属片变形 （3）通电电流波动太大 （4）接线螺钉松动	（1）将这些部件固定 （2）更换双金属片 （3）检查电源电压或所保护设备 （4）拧紧接线螺钉
主电路断相	（1）热元件烧断 （2）接线螺钉松动或脱落	（1）更换热元件或热继电器 （2）将接线螺钉紧固
控制电路不通	（1）触头烧坏或接触不良 （2）可调整式旋钮转到了不合适的位置 （3）动作后没有复位	（1）更换触头或簧片或热继电器 （2）调整旋钮或螺钉 （3）按动复位按钮
动作太快	（1）整定值偏小 （2）电动机启动时间太长 （3）连接导线太细 （4）操作频率太高 （5）可逆转换（正反转）太频繁 （6）安装环境温度与电动机所处环境温度差太大	（1）合理调整整定值 （2）按启动时间的要求，选择具有合适的可返回时间的热继电器或在启动过程中将热继电器短接 （3）选择合适的连接导线 （4）更换合适的型号 （5）可改用其他保护形式 （6）按两地温差选用配置合适的热继电器

技能训练场 5　识别与检测热继电器

1. 训练目标

（1）能分辨热继电器，知道其主要技术参数及适用范围。
（2）能判断热继电器的好坏。

2. 工具、仪表及器材

（1）工具、仪表由学生自行选择。
（2）器材：热继电器若干只。

3. 训练内容

（1）识别热继电器、识读使用说明书要求同技能训练场 1。
（2）热继电器的结构与整定电流的整定：
①观察热继电器的结构：将后绝缘盖板拆下，认清三对热元件、接线柱、复位按钮和常开、常闭触头，并说明它们的作用。
②用万用表测量热继电器三对热元件的电阻值和常开、常闭触头电阻值，分清触头形式。

③根据指导教师所给电动机的功率，选择热继电器的型号与规格，并将整定电流整定好。

4．注意事项

同技能训练场 1。

5．训练评价

训练评价标准如表 2-9 所示，其余同技能训练场 1。

表 2-9　评价标准

项　目	评价要素	评价标准	配分	扣分
识别热继电器	（1）正确识别热继电器名称 （2）正确说明型号的含义 （3）正确画出热继电器的符号	（1）写错或漏写名称　每只扣 5 分 （2）型号含义有错　每只扣 5 分 （3）符号写错　每只扣 5 分	20	
认识热继电器结构	正确说明热继电器各部分结构名称	主要部件的作用有误　每项扣 3 分	20	
识读说明书	（1）说明热继电器的主要技术参数 （2）说明安装场所 （3）说明安装尺寸	（1）技术参数说明有误　每项扣 2 分 （2）安装场所说明有误　每项扣 2 分 （3）安装尺寸说明有误　每项扣 2 分	10	
检测热继电器	（1）规范选择、检查仪表 （2）规范使用仪表 （3）检测方法及结果正确	（1）仪表选择、检查有误　扣 10 分 （2）仪表使用不规范　扣 10 分 （3）检测方法及结果不正确　扣 10 分 （4）损坏仪表或不会检测　该项不得分	40	
热继电器整定	根据所给电动机的额定电流进行整定	（1）整定值错误　扣 5 分 （2）不会整定　扣 10 分	10	

任务 3　认识按钮

主令电器是用来接通或断开控制电路，以发出指令或作程序控制的开关电器。常用的主令电器有按钮、位置开关、万能转换开关和主令控制器等。本任务主要介绍按钮。

1．按钮的功能

按钮是一种用人体某一部分（一般为手指或手掌）施加外力而操作，并具有弹簧储能复位的控制开关。其触头允许通过的电流较小，一般不超过 5A。因此，按钮一般不直接控制主电路（大电流电路）的通断，而是在控制电路（小电流电路）中发出指令或信号，控制接触器、继电器、启动器等电器，再由它们去控制主电路的通断、功能转换或电气联锁。图 2-12 所示为常见按钮的外形。

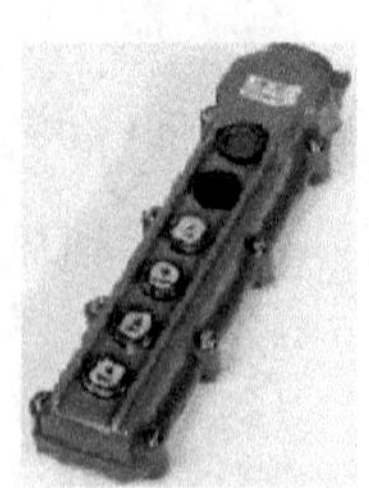

图 2-12　常见按钮的外形

2. 按钮的结构、工作原理与符号

(1) 按钮的结构和符号

按钮一般由按钮帽、复位弹簧、桥式动触头、静触头、支柱连杆及外壳等部分组成，如图 2-13 所示。不同类型和用途的按钮符号如图 2-14 所示。

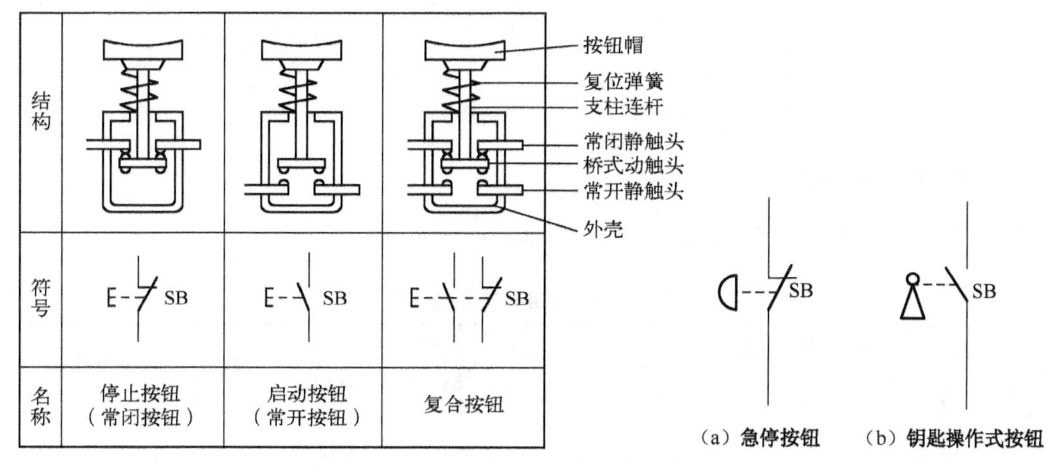

图 2-13 按钮的结构和符号

图 2-14 不同类型和用途按钮符号

指点迷津：按钮的颜色

为了区分控制的功能，按钮的头部一般设置不同的颜色，其含义及用途如表 2-10 所示。

表 2-10 常用按钮颜色的含义及用途

颜色	代表意义	典型用途举例
红	停车、开断	(1) 一台或多台电动机的停车 (2) 机器设备的一部分停止运行 (3) 磁力吸盘或电磁铁的断电 (4) 停止周期性的运行
	紧急停车	(1) 紧急开断 (2) 防止危险性过热的开断
绿	安全情况或正常情况准备时的启动、工作、点动	(1) 辅助功能的一台或多台电动机的启动 (2) 机器设备的一部分启动 (3) 点动或缓行
黄	异 （返回的启动、移动出界 正常工作循环或移动，开始抑止危险情况）	在机械已完成一个循环的始点，机械元件返回；按黄色按钮的功能可取消预置的功能
蓝	强制性的	要求强制动情况下的操作，及保护继电器的复位
白	没有特定的含义，可进行以上颜色所未包括的特殊功能	启动/接通（优先） 停止/断开
灰		启动/接通 停止/断开
黑		启动/接通 停止/断开（优先）

(2) 按钮的工作原理

根据按钮不受外力作用（即静态）时触头的分合状态，分为启动按钮（常开按钮）、停止按钮（常闭按钮）和复合按钮（常开、常闭触头组合为一体的按钮）。

对启动按钮而言，按下按钮帽时触头闭合，松开后触头自动断开复位；停止按钮则相反，按下按钮帽时触头分断，松开后触头自动闭合复位；复合按钮是当按下按钮帽时，桥式动触

头向下运动，使常闭触头先断开后，常开触头才闭合；当松开按钮帽时，则常开触头先分断，常闭触头再闭合复位。

3．按钮的型号及含义

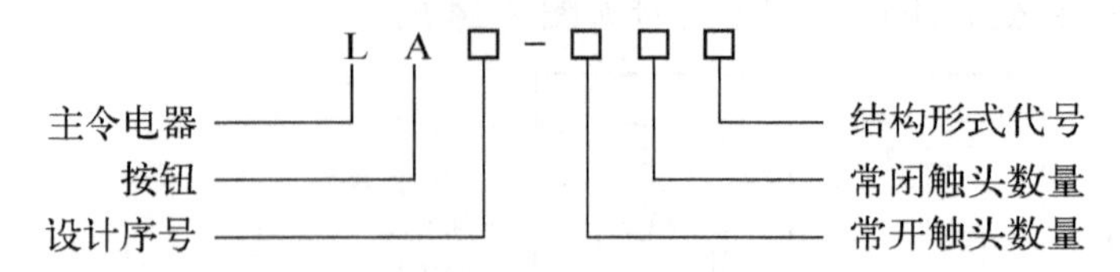

4．按钮的技术参数

常用按钮的主要技术参数，如表 2-11 所示。

表 2-11　常用按钮的主要技术参数

型　号	额定电压（V）	额定电流（A）	结构形式	触头对数		按钮数	按钮颜色
				常开	常闭		
LA2	500	5	元件	1	1	1	黑或绿或红
LA10-2K			开启式	2	2	2	黑或绿或红
LA10-3K			开启式	3	3	3	黑、绿、红
LA10-2H			保护式	2	2	2	黑或绿或红
LA10-3H			保护式	3	3	3	黑、绿、红
LA18-22J			元件（紧急式）	2	2	1	红
LA18-44J			元件（紧急式）	4	4	1	红
LA18-22Y			元件（钥匙式）	2	2	1	黑
LA18-44Y			元件（钥匙式）	4	4	1	黑
LA18-66X			元件（旋钮式）			1	黑
LA19-11J			元件（紧急式）	1	6	1	红
LA19-11D			元件（带指示灯）	1	1		红或绿或黄或蓝或白

5．按钮的选用方法

按钮的选用除应满足其工作条件和安装条件外，其主要技术参数的选用方法如下：

（1）根据使用场所选用按钮开关的种类。

（2）根据用途选用合适的形式。

（3）根据控制电路需要，确定不同按钮数。

（4）按工作状态指示和工作情况要求，选用按钮和指示灯的颜色。

6．按钮的安装与使用方法

按钮的工作条件和安装条件可参阅使用说明书，其安装与使用方法如下：

（1）按钮安装在面板上时，应布置整齐，排列有序，如根据电动机启动的先后顺序，从左到右或从上到下排列。

（2）同一机床运动部件有几种不同工作状态时（如万能铣床工作台的上下、前后、左右运动等），应使每一对相反状态的按钮安装在一组。

（3）按钮的安装应牢固，安装按钮的金属板或金属按钮盒应可靠接地。

（4）由于按钮的触头间距较小，如有油污等极易发生短路故障，所以应注意保持触头间的清洁。

（5）光标按钮一般不宜用于需长期通电显示处，以免塑料外壳过度受热变形，使更换灯泡困难。

（6）“停止”按钮必须用红色；“急停”按钮必须用红色蘑菇型；“启动”按钮可用绿色。

7．按钮的常见故障及处理方法

按钮的常见故障及处理方法，如表 2-12 所示。

表 2-12　按钮的常见故障及处理方法

故障现象	可能原因	处理方法
触头接触不良	（1）触头烧损 （2）触头表面有尘垢 （3）触头弹簧失灵	（1）修整触头或更换产品 （2）清理触头表面 （3）更换产品
触头间短路	（1）塑料受热变形，导致接线螺钉相碰而短路 （2）杂物或油污在触头间形成短路	（1）更换产品，并查明发热原因 （2）清洁按钮内部

技能训练场 6　识别与检测按钮

1．训练目标

（1）能分辨不同型号的按钮，知道其主要技术参数和适用范围。

（2）能判断按钮的好坏。

2．工具、仪表及器材

（1）工具、仪表由学生自行选择。

（2）器材：各系列按钮等若干只。

3．训练内容

（1）识别按钮、识读使用说明书要求同技能训练场 1。

（2）认识按钮的结构与检测按钮：观察不同按钮的结构，用万用表判断其常开、常闭触头及其好坏。

4．注意事项和训练评价

同技能训练场 1。

任务 4　安装与检修工业鼓风机控制线路

在项目 1 中，用低压开关控制砂轮电动机的控制线路具有所用电器元件少、线路简单的优点，但操作劳动强度大、安全性差、不便于实现远距离控制和自动控制。对于三相交流异步电动机需要频繁启动和停止的场所，如果用主令电器（按钮）和自动控制电器（接触器）来控制，不仅可以实现远距离控制和自动控制，而且还能进行频繁启动和停止操作。

1．识读点动正转控制线路

所谓点动控制，是指当用手按动按钮开关时，三相交流异步电动机直接启动，只要手一松开，三相交流异步电动机就立即停止运转。点动正转控制线路电路图，如图 2-15 所示。

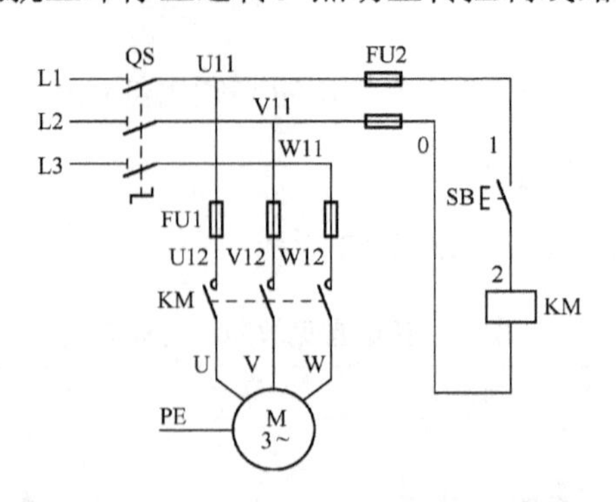

图 2-15　点动正转控制线路电路图

在点动正转控制的电路中，组合开关 QS 作电源隔离开关；熔断器 FU1、FU2 分别作主电路、控制电路的短路保护；启动按钮 SB 控制接触器 KM 的线圈得电、失电；接触器 KM 的主触头控制电动机 M 的启动与停止。

线路的工作原理如下：

启动：当电动机 M 需要点动时，先合上组合开关 QS，此时电动机 M 尚未接通电源。当按下启动按钮 SB，接触器 KM 的线圈得电，使其衔铁吸合，同时带动接触器 KM 的三对主触头闭合，电动机 M 便接通电源启动运转。

停止：当电动机需要停转时，只要松开启动按钮 SB，使接触器 KM 的线圈失电，衔铁在复位弹簧的作用下复位，带动接触器 KM 的三对主触头恢复分断，电动机 M 失电后停止运转。

在分析各种线路的工作原理时，为简单明了，常用电器元件的文字符号和箭头配以少量的文字来表达线路的工作原理。点动正转控制的电路工作原理又可以如下叙述：

先合上电源开关 QS。

启动：按下 SB⟶ KM 线圈得电⟶ KM 主触头闭合 ⟶ 电动机 M 启动运转。

停止：松开 SB⟶ KM 线圈失电⟶ KM 主触头断开 ⟶ 电动机 M 启动停转。

停止使用时，断开电源开关 QS。

2．识读接触器自锁正转控制线路

由于点动正转控制线路不能使电动机连续运转，所以为实现电动机的连续运转，常采用图 2-16 所示的接触器自锁正转控制线路电路图。

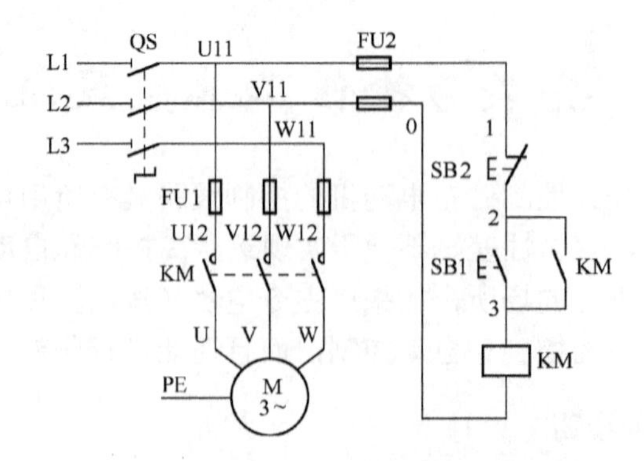

图 2-16　接触器自锁正转控制线路电路图

这种控制线路与点动控制线路的主电路相同，但在控制电路中增加了一只停止按钮 SB2，在启动按钮 SB1 的两端并联了接触器 KM 的一对常开辅助触头。

线路的工作原理如下：先合上电源开关 QS。

启动控制：

按下 SB1 ⟶ KM 线圈得电 ⟶ KM 主触头闭合 ⟶ 电动机 M 连续运转
　　　　　　　　　　　⟶ KM 自锁触头闭合自锁

停止控制：

按下 SB2 ⟶ KM 线圈失电 ⟶ 主触头、自锁触头分断 ⟶ 电动机 M 失电停转

想　一　想

■ 为什么松开启动按钮 SB1 后，接触器 KM 仍吸合，使电动机 M 连续运转。

接触器自锁正转控制线路的特点，如表 2-13 所示。

表 2-13　接触器自锁正转控制线路的特点

序　号	特　　点	说　　明
1	能使电动机连续运转	当松开启动按钮 SB1 后，其常开触头虽然分断，但接触器 KM 的常开辅助触头已闭合，将 SB1 短接，控制电路仍保持接通，所以接触器 KM 线圈继续得电，电动机 M 实现了连续运转。 像这种当松开启动按钮后，接触器通过自身常开辅助触头而使线圈保持得电的作用叫做自锁。与启动按钮并联，起自锁作用的接触器常开辅助触头称为自锁触头
2	具有欠压保护作用	所谓“欠压”是指线路电压低于电动机应加的额定电压。“欠压保护”是指当线路电压下降到某一数值时，电动机能自动脱离电源停转，以免电动机在欠压下长时间运行造成损坏的一种保护措施。上述采用接触器自锁正转控制线路就可避免电动机在欠压下长时间运行。因为当线路电压下降到一定值（一般指低于额定电压 85%以下）时，接触器的线圈两端电压也同样下降，从而使接触器线圈产生的磁通减弱，产生的电磁吸力小于反作用弹簧的作用力，动铁芯被迫释放，主触头、自锁触头同时分断，自动断开主电路和控制电路，电动机便失电停转，达到了欠压保护的目的
3	具有失压（零压）保护作用	失压保护是指由于外界原因引起突然断电时，能自动切断电动机电源；当重新供电时，保证电动机不能自行启动的一种保护措施。 接触器自锁控制线路可以起到失压保护功能。因为线路断电时，接触器的自锁触头、主触头已分断，主电路、控制电路已断开；重新供电时，接触器不能自行吸合，只有重新按下启动按钮才能吸合，使电动机运转，这样就能保证人身及设备的安全。

3．识读具有过载保护的接触器自锁正转控制线路

电动机控制线路中，除了由熔断器 FU 作短路保护，由接触器 KM 作欠压和失压保护外，还应有电动机的过载保护。

过载保护是指当电动机出现过载时能自动切断电动机电源，使电动机停转的一种保护措施。最常用的过载保护器件是热继电器。具有过载保护的接触器自锁正转控制线路电路图，如图 2-17 所示。

想　一　想

■ 具有过载保护的接触器自锁正转控制线路与前述接触器自锁正转控制线路在主电路、控制电路上有何区别？

■ 热继电器的热元件、常闭触头是如何连接在控制线路中的？

控制线路的工作原理与接触器自锁正转控制线路基本相同。

其过载保护原理是：当电动机因某种原因过载时，热继电器的热元件弯曲变形，使其串接在控制电路中的常闭触头断开，接触器 KM 线圈失电，三对主触头、自锁触头断开，电动机 M 便失电停止运转。

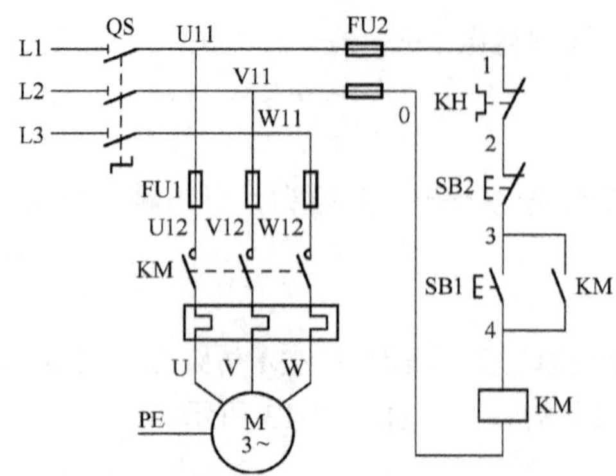

图 2-17　具有过载保护的接触器自锁正转控制线路电路图

4．识读点动与连续正转控制线路

在实际的生产机械中（如机床设备），不仅需要电动机能够连续正转运行，在试车或调整刀具时还需要电动机能点动控制。图 2-18 所示电路图是在自锁正转控制的电路基础上，增加一个复合按钮 SB2，实现了连续与点动混合正转控制。其特点是 SB2 的常闭触头与 KM 的自锁触头串接。

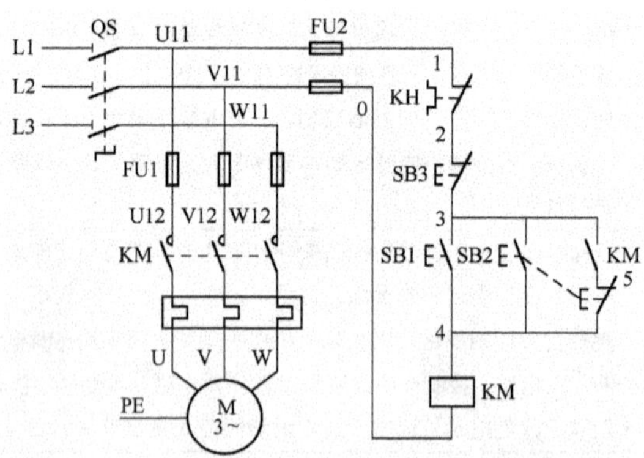

图 2-18　连续与点动混合正转控制线路电路图

线路的工作原理如下：先合上电源开关 QS。

1）连续正转控制

启动：

按下 SB1 ⟶ KM 线圈得电 ⟶ KM1 主触头闭合 ⟶
　　　　　　　　　　　　⟶ KM1 自锁触头闭合自锁

⟶ 电动机 M1 启动连续运转。

停止：

按下 SB3 ⟶ 接触器 KM 线圈失电 ⟶ KM 主触头、自锁触头分断 ⟶

电动机 M 失电停转。

2）点动控制

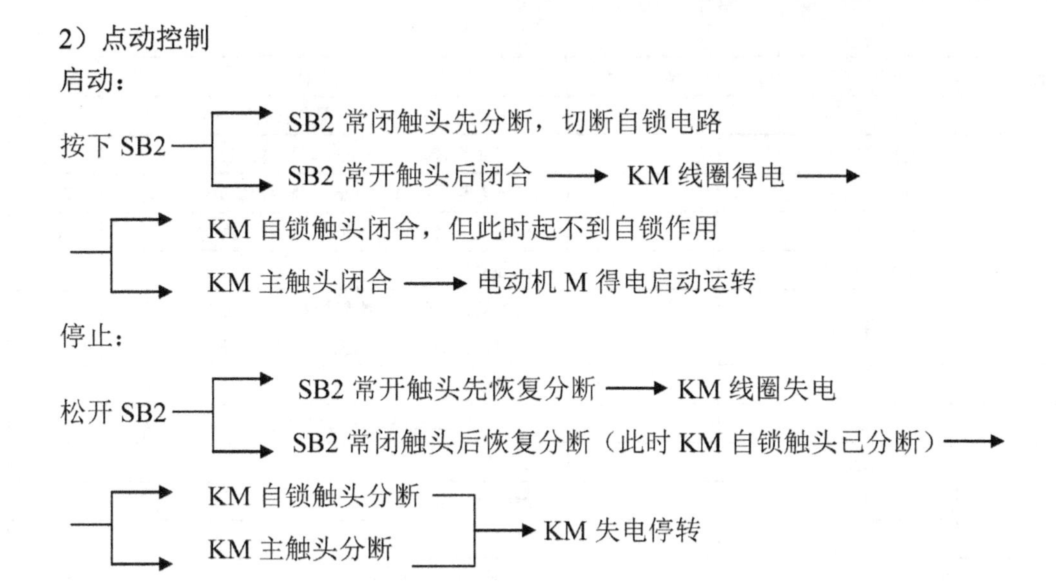

技能训练场 7　安装工业鼓风机控制线路

任务描述

小张上班时，领到了维修电工车间主任分配给他的工作任务单，要求完成 2#机加工车间“鼓风机控制线路”的安装（鼓风机已安装就位）。该鼓风机要求能够单向连续运转，有必要的短路、过载等保护措施。

鼓风机的主要技术参数：额定功率 4kW，额定电压 380V，额定工作电流 8.8A，Δ接法。

1．训练目标

会正确安装工业鼓风机控制线路。

2．安装工具、仪器仪表、电器元件等器材（如表 2-14 所示）

表 2-14　安装工具、仪器仪表及电器元件明细表

器件代号	名　称	型　号	规　格	数　量
M	三相交流异步电动机	Y112M-4	4kW、380V、△接法、8.8A、1440r / min	1
QS	组合开关	HZ10-25/3	三极、额定电流 25A	1
FU1	螺旋式熔断器	RL1-60/25	500V、60A、配额定电流 25A 的熔芯	3
FU2	螺旋式熔断器	RL1-15/2	500V、15A、配额定电流 2A 的熔芯	2
KM	交流接触器	CJ10-10	10A、线圈电压 380V	1
KH	热继电器	JR11-20/3D	三极、20A、热元件 11A、整定电流 8.8A	1
SB1、SB2	按钮	LA10-2H	保护式、按钮数 2 只	1
XT	接线排	JX1-1015	10A、15 节、380V	1
	配线板		500mm×450 mm×20 mm	1
	三相四线电源		～3×380/220V、20A	1
	木螺丝		ϕ3×20mm；ϕ3×15mm；	若干
	平垫圈		ϕ4 mm	若干

续表

器件代号	名　称	型　号	规　格	数　量
	塑料硬铜线		主电路用 BV 1.5mm^2（颜色自定）	若干
	塑料硬铜线		按钮线用 BVR 0.75mm^2（颜色自定）	若干
	塑料硬铜线		控制电路采用 BV 1mm^2（颜色自定）	若干
	塑料软铜线		接地线采用 BVR 1.5mm^2（黄绿双色线）	若干
	异型塑料管		ϕ3mm	若干
	电工通用工具		验电笔、钢丝钳、螺钉旋具（一字形和十字形）、电工刀、尖嘴钳、活动扳手、剥线钳等	1
	万用表	MF47	也可自定	1
	兆欧表		型号自定或 500V、0～200MΩ	1
	钳形电流表		0～50A	1
	劳保用品		绝缘鞋、工作服等	1
	笔		自定	1
	演草纸		A4 或 A5 或自定	若干

3．安装步骤及工艺要求

安装步骤及工艺要求如表 2-15 所示，可参考阅读材料 1。

表 2-15　安装步骤及工艺要求

序 号	安装步骤及工艺要求	备　注
1	识读工业鼓风机控制线路电路图，熟悉工作原理，明确各电器元件作用及布置要求	
2	对照控制线路电路图，按表 2-14 所示，配齐电器元件及其他器材，并进行检查（主要检查电器元件的技术参数是否符合安装要求、有无缺陷、动作是否灵活等）	若有缺陷，及时更换
3	画出电气布置图，并在控制线路板上安装电器元件，贴上文字符号标签	
4	画出电气接线图，并在控制线路板前明线布线和套编码管	
5	根据控制线路电路图、电气接线图，检查控制板布线的正确性 装配主、控电路熔断器熔体，整定热继电器的整定电流	
6	检验合格后，通电试运行控制线路板	
7	连接鼓风机和所有电器元件金属外壳的保护接地线	
8	连接电源线、鼓风机等控制线路板外部的导线	
9	检查所安装的鼓风机控制线路，确保安全可靠	
10	交验（只有自检和指导教师检验合格后才能通电试车）	由指导教师进行检查
11	通电试车（须得到指导教师的同意，由指导教师接通三相电源，并在现场监护） （1）学生合上电源开关 QS 后，应用万用表或验电笔检查电源线接线桩、熔断器进出线端子是否有电，电压是否正常。 （2）按下启动按钮 SB1，观察接触器 KM 动作是否符合电路的功能要求、动作是否灵活、有无异常声音等；观察电动机运行是否正常等。 （3）试车中发现异常情况，应立即停车。 （4）当电动机运转平稳后，用钳形电流表检测电动机三相电流是否平衡。 （5）试车中出现故障时，由学生独立进行检修。若需带电检查，则必须由指导教师在现场监护。 （6）通电试车完成后，应先按下停止按钮 SB2，待电动机停转，再切断电源。然后拆除三相电源线，再拆除电动机电源线	由指导教师作监护

4. 注意事项

（1）鼓风机及按钮的金属外壳必须可靠接地。接到鼓风机的导线必须用钢管配线管加以保护，或采用坚韧的四芯橡皮线或塑料护套线进行临时通电校验。

（2）螺旋式熔断器电源进线应接在下接线座上，出线则应接在上接线座上。

（3）按钮内接线时，用力不能过猛，以防螺钉打滑。

（4）编码套管套装应正确。

（5）接触器 KM 的自锁触头应并接在启动按钮 SB1 两端；停止按钮 SB2 应串接在控制电路中。

（6）热继电器的热元件应串接在主电路中，其常闭触头应串接在控制电路中。

（7）热继电器的整定电流应按实际鼓风机的额定电流及工作方式进行调整；绝对不允许弯折双金属片热元件。

（8）热继电器一般应置于手动复位位置上。若需要自动复位时，可将复位调节螺钉沿顺时针方向向里旋足。

（9）热继电器因鼓风机过载动作后，若需再次启动鼓风机，必须待热元件完全冷却后，才能使其复位。一般自动复位时间不大于 5 分钟；手动复位时间不大于 2 分钟。

（10）训练应在规定时间内完成。

5. 训练评价

训练评价标准如表 2-16 所示。

表 2-16　评价标准

项　目	评价要素	评价标准	配分	扣分
装前检查	（1）检查电器元件外观、附件、备件 （2）检查电器元件技术参数	（1）漏检或错检　每件扣 1 分 （2）技术参数不符合安装要求　每件扣 2 分	5	
安装元件	（1）按电气布置图安装 （2）元件安装牢固 （3）元件安装整齐、匀称、合理 （4）损坏元件	（1）不按电气布置图安装　扣 15 分 （2）元件安装不牢固　每只扣 4 分 （3）元件安装不整齐、不匀称、不合理　每只扣 3 分 （4）损坏元件　扣 15 分	15	
布线接线	（1）按控制线路电路图或电气接线图接线 （2）布线符合工艺要求 （3）接点符合工艺要求 （4）不损伤导线绝缘或线芯 （5）套装编码套管 （6）接地线安装	（1）不按控制线路电路图或电气接线图接线　扣 20 分 （2）布线不符合工艺要求　每根扣 3 分 （3）接点有松动、露铜过长、反圈等　每个扣 1 分 （4）损伤导线绝缘层或线芯　每根扣 5 分 （5）编码套管套装不正确　每处扣 1 分 （6）漏接接地线　扣 10 分	40	

续表

项　目	评价要素	评价标准	配　分	扣　分
通电试车	（1）熔断器熔体配装合理 （2）热继电器整定电流整定合理 （3）验电操作符合规范 （4）通电试车操作规范 （5）通电试车成功	（1）配错熔体规格　扣10分 （2）热继电器整定电流整定错误　扣5分 （3）不会整定　扣10分 （4）验电操作不规范　扣10分 （5）通电试车操作不规范　扣10分 （6）通电试车不成功　每次扣10分	40	
技术资料归档	技术资料完整并归档	技术资料不完整或不归档　酌情扣3～5分		
安全文明生产	要求材料无浪费，现场整洁干净，废品清理分类符合要求；遵守安全操作规程，不发生任何安全事故。违反安全文明生产要求，酌情扣5～40分，情节严重者，可判本次技能操作训练为零分，甚至取消本次实训资格			
定额时间	180分钟，每超时5分钟（不足5分钟以5分钟计）　扣5分			
备注	除定额时间外，各项目的最高扣分不应超过配分数			

开始时间		结束时间		实际时间		成绩	

学生自评：

学生签名：　　　　年　月　日

教师评语：

教师签名：　　　　年　月　日

阅读材料1　电动机基本控制线路的安装步骤及方法

一、识读电气控制线路电路图的方法

在进行电动机控制线路安装前，首先要会识读电气控制线路电路图，明确控制线路中所用的电器元件及其作用，熟悉控制线路的工作原理。

识读电气控制线路电路图的基本步骤为：先识读主电路，后识读控制电路；根据控制电路各分支中控制元件的动作情况，研究控制电路如何对主电路进行控制。

1．识读主电路的步骤及方法

（1）识读主电路时，首先要看清楚主电路中有几个用电设备（如电动机），它们的类别、用途、接线方式及一些不同的要求等。如图2-17所示的“具有过载保护的接触器自锁正转控制线路”中的用电设备是电动机M；主电路由熔断器FU1、接触器KM的主触头、热继电器KH的热元件和电动机M等组成。

（2）分析主电路中的用电设备与控制元件的对应关系。看清楚主电路中的用电设备是采用什么控制元件来进行控制的，用哪几个控制元件控制。实际电路中对用电设备的控制方式有多种，有的用电设备只用低压开关控制，有的用电设备用启动器控制，有的用电设备用接触器或其他继电器控制，有的用电设备用程序控制器控制，而有的用电设备直接用功率放大集成电路控制。图 2-17 所示的控制线路中，电动机 M 由熔断器 FU1、接触器 KM 主触头和热继电器 KH 的热元件控制。

（3）分析主电路中各控制元件的作用：图 2-17 所示的主电路中，熔断器 FU1 是电动机 M 的短路保护器件，接触器 KM 主触头控制电动机 M 电源的接通与断开，热继电器 KH 的热元件用于电动机过载保护和缺相保护。

（4）分析电源：分析电源控制开关、了解电源的种类和电压等级。控制线路的电源有交流电源和直流电源两类。直流电源的电压等级有 660V、220V、110V、24V、12V 等；交流电源的等级有 660V、380V、220V、110V、36V、24V、12V 等，其频率为 50Hz。图 2-17 所示的主电路使用的是交流 380V 电源，由低压开关 QS 控制。

2. 识读控制电路的步骤和方法

识读控制电路时，一般先根据主电路接触器（中间继电器）主触头的文字符号，到控制电路中去找与之相应的吸引线圈（接触器主触头文字符号下面的数字就表示其线圈在几号图区，参考项目 8 图 8-2 所示电路图），进一步分析清楚电动机的控制方式。这样可将控制线路电路图划分为若干部分，每一部分控制一台电动机。另外，控制电路一般是依照生产工艺的要求，按动作的先后顺序，自上而下、从左到右、并联排列的。因此，识读时也应自上而下、从左到右，一个环节一个环节进行识读与分析。

（1）看控制电路的电源。分析清楚控制电路的电源种类和电压等级。控制电路电源有直流和交流两类。电动机基本控制线路中的控制电路所用的交流电源一般为 380V 或 220V，频率为 50Hz；而机床电气控制线路中的控制电路所用的交流电源有 127V、110V、36V 等多种，需要用控制变压器进行降压。若控制电路的电源引自三相电源的两根相线，则电压为 380V；若引自三相电源的一根相线和一根中性线，则电压为 220V。控制电路的直流电源电压等级有 220V、110V、24V、12V 等。图 2-17 所示控制电路电源电压为 380V。

（2）分析清楚控制电路中每个控制元件的作用、各控制元件对主电路用电设备的控制关系，是看懂控制线路电路图的关键所在。控制电路是一个大回路，而在回电路中经常包含若干个小回路，在每一个小回路中有一个或多个控制元件。一般情况下，主电路中用电设备越多，则控制电路的小回路和控制元件也就越多。

图 2-17 所示线路中，其控制电路比较简单，由热继电器的常闭触头 KH，按钮 SB1、SB2 触头，接触器 KM 的线圈、辅助常开触头等构成。

3. 识读其他辅助电路的步骤及方法

在一些机床电气控制线路电路图中，常有照明电路、指示灯电路等辅助电路。识读这些辅助电路比较简单，可参考控制电路的识读方法。

二、列出安装所需的电器元件清单

根据电气控制设备中电动机的功率、控制线路电路图及安装场所的要求，列出安装所需电器元件清单，使安装工作能够顺利进行。电器元件的选择可参考各种电器元件的选用方法。主电路（即用电设备的电源电路）导线及接地线选配可参考有关材料。同时，应注意如下几点。

1．导线类型

硬线只能用在固定安装的不动部件之间，在其余场所则应采用软线。电源 U、V、W 三相用黄、绿、红色导线，中性线（N）用黑色导线，保护线（PE）必须采用黄绿双色导线。

2．导线的绝缘

导线的绝缘必须良好，并应具有抗化学腐蚀的能力。

3．导线的截面积

在必须承受正常工作条件下流过的最大电流的同时，还应考虑到线路中允许的电压降、导线的机械强度，以及要与熔断器相配合，并规定主电路导线的最小截面积应不小于 1.5mm^2，控制电路导线的截面积不小于 1mm^2。

注：控制电路导线一般采用截面积为 1mm^2 的铜芯线（BVR）；按钮线一般采用截面积为 0.75mm^2 的铜芯线（BVR）；接地线一般采用截面积不小于 1.5mm^2 的铜芯线（BVR）。

三、领取电器元件，并进行检验

根据列出的清单，向企业有关部门领取安装所需的电器元件，做到器件齐备。同时，还应对器件逐一进行检验，保证所安装的器件质量可靠、符合安装要求，这样才能保证所安装的控制线路不会出错。

例如，在不通电情况下，可用万用表检查接触器各触头的分、合情况是否良好，检查线圈的直流电阻、线圈的额定电压与控制线路中电源电压是否相符等。

四、选配安装所需的工具、仪器仪表

根据电器元件及安装要求选配安装工具和检测所需的仪器仪表，做到工器具齐备，保证安装能够顺利进行。同时，要对工器具进行检查，保证工器具安全可靠，如验电笔必须进行检验，确保质量符合要求。

五、根据控制线路电路图，绘制电气布置图和接线图

1．控制线路的编号

在电气控制线路安装前，必须按规范要求对控制线路线进行编号，以便安装和今后的检修工作。控制线路的编号方法如下：

在电气控制线路图中，为表示电路种类、特征而标注的文字符号和数字符号统称电路标号，也称为电路线号。其作用是便于安装接线和有故障时查找线路。

1）使用电路标号应遵循的原则

（1）电路标号按照“等电位”原则进行标注，即电路中连接在一点的所有导线因具有同一电位而标注相同的电路标号。

（2）由电气设备的线圈、绕组、电阻、电容、各类开关、触点等电器元件分隔开的线段，应视为不同的线段，标注不同的电路标号。

（3）在一般情况下，电路标号由三位或三位以下的数字组成。

以个位代表相别，如三相交流电路的相别分别用 1、2、3 表示；以个位奇、偶数区别电路的极性，如直流电路的正极侧用奇数表示、负极侧用偶数表示。

以标号的十位数字的顺序区分电路中的不同线段。

在直流电路中，以标号中的百位数字来区分不同供电电源的电路，如直流电路中 A 电源的正、负极电路标号用“101”和“102”表示；B 电源的正、负极电路标号用“201”和“202”表示。若电路中公用一个电源，则可以省略百位数。

在交流电路中，当要表明电路中的相别或某些主要特征时，可在数字标号的前面或后面增注文字符号，文字符号用大写字母表示，并与数字标号并列。如第一相电路按 1、11、21、…顺序标号；第二相电路按 2、21、22、…顺序标号；第三相电路按 3、31、32、…顺序标号。

机床电气控制电气图中，电路标号实际上是导线的线号。

2）主电路标号方法

主电路标号法由文字符号和数字标号两部分组成。文字符号用来标明一次电路中电器元件和线路的种类和特征，如三相电动机绕组用 U、V、W 表示，则绕组的首端就用 U1、V1、W1 表示，尾端就用 U2、V2、W2 表示。

数字标号可用来区别同一文字标号电路中的不同线段。如在电动机控制线路中的主电路，三相交流电源用 L1、L2、L3 表示，经过电源开关 QS1 后，按相序用 U11、V11、W11 标号，然后按从上到下、从左到右的顺序，每经过一个电器元件后，编号要递增，如 U12、V12、W12；U13、V13、W13、…。

单台三相交流电动机（或设备）的三根引线，按相序依次编号为 U、V、W，对多台电动机的引出线的编号，为了不致引起误解和混淆，可在字母前用不同的数字加以区别，如 1U、1V、1W；2U、2V、2W、…。

3）辅助电路的标号方法

无论是直流还是交流辅助电路，辅助电路中标号一般采用以下两种标号方法。

（1）以电路元件为界，其两侧的不同线段标号分别按个位数的奇偶性来依次标注。电路元件一般包括接触器线圈、继电器线圈、电阻器、电容器、照明灯和电铃等。当电路比较复杂、电路中不同线段较多时，标号可连续递增到两位奇偶数，如“11、12、13…等。

（2）在电力拖动控制线路中，“1”通常标在控制线路的上方，然后按电路从上到下、从左到右的顺序，以自然序数递增，每经过一个触点，标号依次递增，电位相同的导线标号相同；电路负载元件下方一般用偶数号从“0”开始编号。

2. 绘制电气布置图

应根据低压电气控制设备安装场所的具体情况，确定电器元件的布局，绘制电气布置图。电气布置图设计、绘制时应遵循以下原则：

（1）同一组件中电器元件的布置，应将体积大和较重的电器元件安装在控制板的下面，将发热元件安装在电气控制板的上部或后部，但热继电器宜放在其下部。

（2）强电、弱电分开并注意屏蔽，防止外界干扰。

（3）需要经常维护、检修、调整的电器元件的安装位置不宜过高或过低，人力操作开关及需经常监视的仪表位置应符合人体工程学原理。

（4）电器元件的布置应考虑安全间隙，并做到整齐、美观、对称，外形尺寸与结构类似的电器可安放在一起，以利于加工、安装和配线。若采用行线槽配线方式，应适当加大各排电器的间距，以利于布线和维护。

（5）各电器元件的位置确定以后，便可绘制电气布置图。电气布置图应根据电器元件的外形轮廓绘制，即以其轴线为准，标出各元件的间距尺寸。每个电器元件的安装尺寸及其公差范围，应按产品说明书的标准标注，以保证安装板的加工质量和各电器的顺利安装。大型电气控制柜的电器元件宜安装在两个安装横梁之间，这样可减轻柜体重量、节约材料，也便于安装，所以设计时应计算纵向安装尺寸。

（6）在电气布置图设计中，还要根据本部件进出线的数量、采用导线规格及出线位置等，选择进出线方式及接线端子排、连接器或接插件，并按一定顺序标出进出线的接线号。

电器元件的布局方法与技巧如表 2-17 所示。

表 2-17　电器元件的布局方法与技巧

电器元件名称	元件布局方法与技巧
主电路电器元件	（1）布置主电路电器元件时，要考虑电器元件的排列顺序。将电源开关、熔断器、交流接触器、热继电器等从上到下排列整齐，元件位置应恰当，便于接线和检修。 （2）电器元件不能倒装或横装，电源进线位置要明显，电器元件的铭牌应容易看清，并且调整时不受其他电器元件的影响
控制电路电器元件	（1）控制电路的电器元件有按钮、位置开关、中间继电器、时间继电器、速度继电器等，这些电器元件的布置与主电路密切相关，应与主电路的元件尽可能接近，但必须明显分开。 （2）外围电气控制元件通过接线端引出，绝对不能直接接在主电路或控制电路的元件上，如按钮接线等

根据上面介绍的方法，图 2-17 所示的具有过载保护的接触器自锁正转控制线路的电气布置图如图 2-19 所示。图中组合开关、熔断器的受电端子应安装在朝向控制线路板的外侧，并使熔断器的受电端为底座的中心端；各电器元件的安装位置整齐、匀称、间距合理、牢固，便于更换。

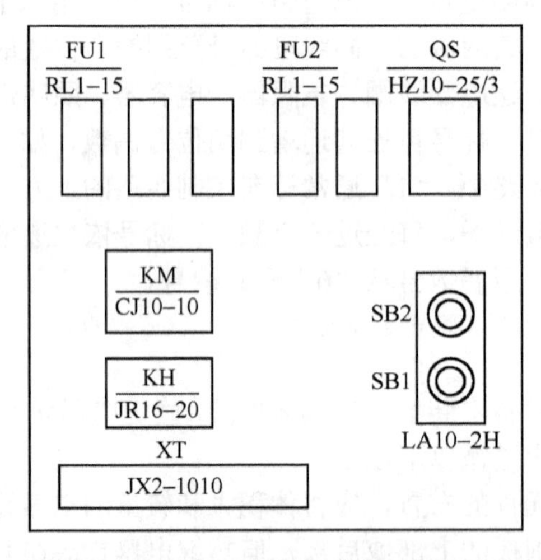

图 2-19　具有过载保护的接触器自锁正转控制线路的电气布置图

3. 绘制电气接线图

电气接线图即为电气安装接线图，它是按照电器元件的实际位置和接线情况（不明显表示电气动作原理），采用规定的图形符号绘制而成，能清楚地表明各元件的安装位置和布线情况。

绘制电气接线图应以电气控制线路为依据，按电气布置图中各电器元件的实际位置，用导线将各电器元件之间的电气线路连接起来。绘制电气接线图的原则如下：

（1）各电器均以标准电气图形符号代号，不画实体。图上必须明确电器元件（如接线板、插接件、部件和组件）的安装位置。其代号必须与有关电气控制线路电路图和清单上所用的代号一致，并注明有关接线安装的技术条件。

（2）电气接线图中的各电器元件的文字符号及接线端子的编号应与控制线路电路图一致，并按控制线路电路图的位置进行导线连接，便于接线和检修。

（3）不在同一控制屏（柜）或控制台的电动机（设备）或电器元件之间的导线连接必须通过接线端子进行，同一屏（柜）体中的电器元件之间的接线可以直接连接，即在电气接线图中应当示出接线端子的情况。

（4）电气接线图中的分支导线应由各电器元件的接线端子引出，不允许在导线两端以外的其他地方连接。每个接线端子只能引出两根导线。

（5）电气接线图上应标明连接导线的规格、型号、根数及穿线管的尺寸。

图 2-17 所示的具有过载保护的接触器自锁正转控制线路的电气接线图如图 2-20 所示。

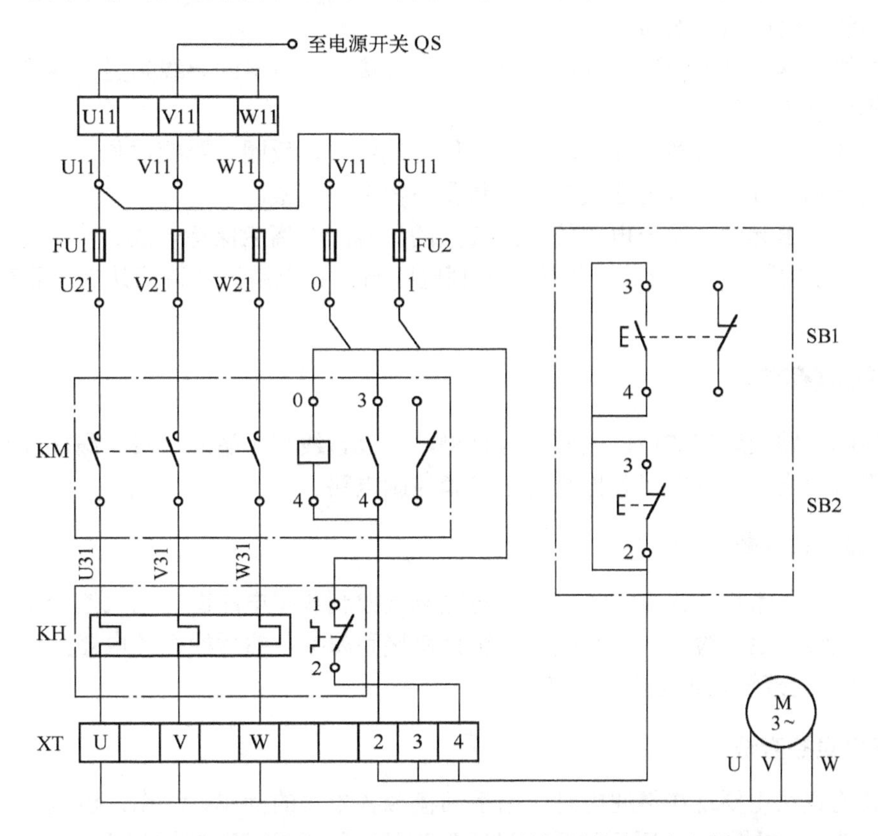

图 2-20　具有过载保护的接触器自锁正转控制线路的电气接线图

六、安装、固定电器元件

安装中应注意用力要均匀，紧固程度要适当，不得损坏电器元件。

七、装接线路

电器元件固定后，要根据电气控制线路电路图、电气接线图按一定的工艺要求进行布线和接线。布线的接线要正确、合理、美观，否则会影响到控制线路的功能。布线的方式主要有板前明线布线、行线槽布线、板后网式布线、线束布线等。

装接线路的顺序一般是：先接控制电路，后接主电路；先接串联电路，后接并联电路；并且按照从上到下、从左到右的顺序连接；对于电器元件的进出线，则必须按上面为进线，下面为出线，左边为进线，右边为出线的原则接线，以免造成元件被短接、接错或漏接。

板前明线布线时的工艺要求如下：

（1）布线通道应尽量少，同路并行导线按主、控电路分类集中，单层密排，紧贴控制线路板。

（2）同一平面的导线应高低一致或前后一致，导线间不得交叉。非得交叉时，可在导线从接线端子或接线柱引出时，就水平架空跨越，做到走线合理。

（3）布线应做得横平竖直，导线分布均匀，变换走向时应垂直。

（4）布线时不得损伤线芯和绝缘。

（5）布线应以接触器为中心，由里向外，由低到高，先控制电路，后主电路的顺序进行，做到前面布线不会妨碍后面布线。

（6）导线两端须套上编码套管，从一个端子或接线桩引出的导线到另一端子或接线桩的导线中间不允许有接头。

（7）导线与端子或接线桩连接时，不得压住绝缘层、反圈、露铜过长。

（8）同一端子或接线桩上连接的导线数量不得多于两根。

（9）同一电器元件、同一电路的不同接点的导线间距离应保持一致。

（10）控制电路接线完成后，先检查控制电路布线有无错误，待确认布线正确后再对主电路布线。

八、检查布线

电气控制线路安装完成后，先要进行目测，检查布线有无明显错接、漏接及布线工艺无误后，再用万用表、绝缘电阻表检查主电路和控制电路。

1. 查线号法检查

查线号法是最常规的检查方法。可先对照电气控制线路电路图、电气接线图，从电源进线端开始，逐线、逐段检查、核对线号，防止错接和漏接；然后检查各电器元件上所有端子（接头、接点）的接线是否符合工艺要求。

2. 万用表检查法

万用表检查法主要是在不通电时，用手动模拟各电器的操作、动作，检查主电路和控制电路的通断情况。以图 2-17 所示的具有过载保护的接触器自锁正转控制线路为例，其检查方法如下：

（1）主电路的检查

在不接通电源时，合上电源开关 QS，将万用表表笔搭接在 L1、L2、L3 任意两端，按下接触器的触头架，使其主触头闭合，分别测得电动机两相绕组串联的阻值（电动机绕组为星形接法时）。当松开接触器时，均应测得断路。

（2）控制电路的检查

在不接通电源时，将万用表表笔搭接在控制电路电源（U11、V11）两端，应测得断路；当按下启动按钮 SB1 时，应测得接触器 KM 线圈的直流电阻值。

注：对于多支路的控制电路，可按控制线路的工作原理，逐条支路进行检测、判断。

3．检查绝缘电阻

用兆欧表检查控制线路的绝缘电阻应不小于 1MΩ。

九、连接电气设备（电动机）和所有电器元件金属外壳的保护接地线

十、安装电动机电源线及电源引入线

十一、通电试车

为保证人身和设备的安全，通电试车时应遵守安全用电操作规程，由一人监护，一人操作。通电试车一般先不接电动机进行试车，以检测控制线路动作是否正常、电动机的电源电压是否平衡等；若正常，再接上电动机进行通电试车，并检查电动机的三相电流是否平衡。

通电试车的工艺要求如下：

（1）通电试车前，应确保控制线路正确、可靠，同时清理工作台，穿好绝缘鞋。检查与通电试车有关的电气设备是否有不安全因素，若查出应立即整改，才能试车。

（2）通电顺序：先合电源侧刀开关，后合电源侧断路器；断电顺序：先断电源侧断路器，后断电源侧刀开关。

（3）不接用电设备（电动机）通电试车，先接通三相电源 L1、L2、L3，用万用表或验电笔检查电源开关进线端是否有电，电压是否正确；然后合上电源开关，用万用表或验电笔检查电源开关出线端、熔断器进出线端是否有电。正常后按下启动按钮，观察电器元件的动作情况是否正常，测量电动机电源进线端电压是否正常。

（4）在不接用电设备通电试车成功后，可接上用电设备再通电试车，观察用电设备运行情况是否正常等。观察过程中若发现异常现象，应立即停车。当用电设备运行平稳后，用钳形电流表测量用电设备三相电流是否平衡。

（5）通电试车完毕，先按下停止按钮，待电动机停转后切断电源。

技能训练场 8　检修工业鼓风机控制线路

任务描述

小张上班时，领到了维修电工车间主任分配给他的工作任务单，要求对“2#机加工车间鼓风机控制线路”进行检修。

1．训练目标

（1）会观测鼓风机控制线路故障现象。

（2）能正确选择检修故障所需的工具、仪表及器材。

（3）能正确排除鼓风机控制线路故障。

2．检修训练

（1）观察鼓风机故障现象。通过向设备使用人员或现场调查等方法来了解（可参考阅读材料 2），并将故障现象填入如表 2-18 所示的检修记录单中。

表 2-18　检修记录单　　________号

设备型号		设备名称		设备编号	
故障日期		检修人员		操作人员	
故障现象					
故障原因分析					
故障部位					
引起故障原因					
故障修复措施					
负责人评价	负责人签字：　　年　月　日				

（2）选择检修工具、仪器仪表及维修器材。根据所观察到的故障现象，正确选择检修工具、仪器仪表及维修器材，并填入表 2-19 中。

表 2-19　工具、仪表及器材

安装工具	
仪器仪表	
检修器材	

（3）判断故障

①用试验法初步判断故障范围：主要观察鼓风机、接触器动作情况，若发现异常，应及时切断电源检查。

②用电阻分阶测量法或电阻分段测量法正确、迅速地找出故障点（可参考阅读材料 2），并在电气控制线路电路图中标出。

（4）排除故障。根据故障点的不同情况，采取正确的修复方法，迅速排除故障。

（5）通电试车。确认故障修复后，通电试车。

（6）填写检修记录单并存档。

3．注意事项

（1）检修前可向指导教师领取鼓风机控制线路电路图、电气接线图及相关技术资料，熟悉鼓风机控制线路中各电器元件的作用和线路工作原理。

（2）观察故障现象应认真仔细，发现异常情况应立即切断电源，并向指导教师报告。

（3）工具仪表使用要规范。

（4）故障分析思路、方法要正确、有条理，应将故障范围尽量缩小。

（5）带电检修及通电试车时，必须有指导教师在现场监护，并应确保用电安全。

4．训练评价

训练评价标准如表 2-20 所示。

表 2-20 评价标准

<table>
<tr><th>项　目</th><th colspan="2">评 价 要 素</th><th colspan="3">评 价 标 准</th><th>配　分</th><th>扣　分</th></tr>
<tr><td>调查研究</td><td colspan="2">正确了解故障现象</td><td colspan="3">（1）故障现象不正确　扣 20 分
（2）故障现象描述有误 酌情　扣 5～10 分</td><td>20</td><td></td></tr>
<tr><td>工具、仪表、检修器材选择与使用</td><td colspan="2">（1）正确选择所需的工具、仪表及检修器材
（2）工具、仪表使用规范</td><td colspan="3">（1）选择不当　每件扣 3 分
（2）工具、仪表使用不规范　每次扣 3 分
（3）损坏工具、仪表　扣 15 分</td><td>15</td><td></td></tr>
<tr><td>故障分析与检查</td><td colspan="2">（1）故障分析思路清晰
（2）故障检查方法正确、规范
（3）故障点判断正确</td><td colspan="3">（1）故障分析思路不清晰　扣 10 分
（2）故障检查方法不正确、不规范　每个扣 10 分
（3）故障点判断错误　每个扣 15 分</td><td>35</td><td></td></tr>
<tr><td>故障排除</td><td colspan="2">（1）停电验电
（2）排故思路清晰
（3）正确排除故障
（4）通电试车成功</td><td colspan="3">（1）停电不验电　扣 5 分
（2）排故思路不清晰 每个故障点　扣 5 分
（3）排故方法不正确 每个故障点　扣 5 分
（4）不能排除故障　每个故障点　扣 10 分
（5）通电试车不成功　扣 25 分</td><td>30</td><td></td></tr>
<tr><td>技术资料归档</td><td colspan="2">（1）检修记录单填写
（2）技术资料完整并归档</td><td colspan="3">（1）检修记录单不填写或填写不完整酌情　扣 3～5 分
（2）技术资料不完整或不归档酌情　扣 3～5 分</td><td></td><td></td></tr>
<tr><td>其他</td><td colspan="2">（1）检修过程中不出现新故障
（2）不损坏电器元件</td><td colspan="3">（1）检修时产生新故障不能自行修复每个　扣 10 分
产生新故障能自行修复　每个扣 5 分
（2）损坏电动机、电器元件　扣 10 分
注：本项从总分中总分中扣除</td><td></td><td></td></tr>
<tr><td>安全文明生产</td><td colspan="6">要求材料无浪费，现场整洁干净，废品清理分类符合要求；遵守安全操作规程，不发生任何安全事故。违反安全文明生产要求，酌情扣 5～40 分，情节严重者，可判本次技能操作训练为零分，甚至取消本次实训资格</td><td></td></tr>
<tr><td>定额时间</td><td colspan="6">30 分钟，每超时 5 分钟（不足 5 分钟以 5 分钟计）　扣 5 分</td><td></td></tr>
<tr><td>备注</td><td colspan="6">除定额时间外，各项目的最高扣分不应超过配分数</td><td></td></tr>
<tr><td>开始时间</td><td></td><td>结束时间</td><td></td><td>实际时间</td><td></td><td>成绩</td><td></td></tr>
<tr><td colspan="8">学生自评：

学生签名：　　　　年　月　日</td></tr>
<tr><td colspan="8">教师评语：

教师签名：　　　　年　月　日</td></tr>
</table>

阅读材料2　低压电气控制设备故障检修方法（一）——电阻测量法

作为电气设备维修人员，必须在电气故障发生后采取正确的检修步骤和方法，找出电气故障点并排除，使电气设备尽快恢复正常工作。

一、电气故障检修的一般步骤

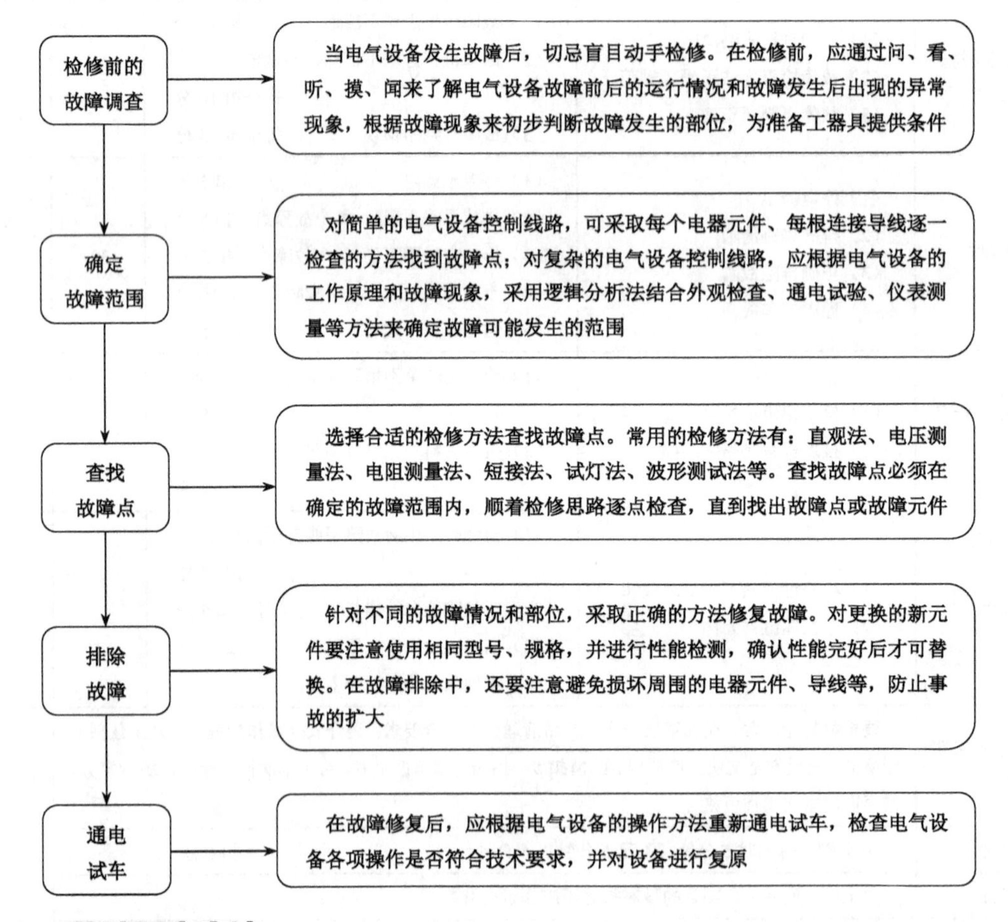

二、故障调查方法

检修前，一般通过“问、看、听、摸、闻”五个方面进行故障调查。

（1）“问”：是向电气设备操作人员询问电气设备故障发生前后情况、故障发生后的症状等，如询问故障发生时是否有烟雾、跳火、异常声音和气味、异常振动，有无误操作等因素；故障发生前有无进刀量过大、频繁启动和停止等情况；电气设备使用年限、有无保养或改动线路；故障是偶尔发生还是经常发生；有无经过保养或其他人员检修等情况。

（2）“看”：观察故障发生后电气设备是否有明显的外部征兆，如熔断器内熔体是否熔断，各种信号灯的指示情况，保护电器是否脱扣动作，接线是否有脱落、触头是否烧蚀或熔焊、线圈有无过热烧毁等。

（3）“听”：在电气设备还能运行和在不会扩大故障范围、不损坏电气设备的前提下，通电试车，细听电动机、变压器、接触器及各种继电器运行时的声音是否正常，特别是要发现特殊的异常声音。

（4）“摸”：是将电气设备通电运行一段时间后切断电源，然后用手触摸电动机、变压器及线圈有无明显的温升，是否有局部过热现象。若过热，则应检查其产生的原因，并排除。

（5）“闻”：在切断电源的前提下，打开电气设备的控制箱，闻电气设备中各电器元件、电动机等有无异常气味，若有则表明该电器元件或电动机可能过热或烧毁。

三、查找电气故障方法

查找电气故障时，应根据故障现象、原因，有针对性地采用电压测量法、电阻测量法、短接法等方法对电路进行检查，准确地查找故障点、部位或元件。电气设备故障点查找法如表 2-21 所示。

表 2-21　查找电气设备故障点方法

方　　法	操作说明
直观检查法	通过问、看、听、摸、闻等直观方法，了解故障前后的运行情况和故障发生后出现的异常现象，以便根据故障现象判断出故障发生的部位，进而准确地排除故障
通电试验法	经外观检查未发现故障点时，可根据故障现象，结合控制线路电路图分析故障原因。在不扩大故障范围、不损伤电气和机械设备的前提下，进行直接通电试验，或从接线端子排卸下负载通电试验，以分清故障可能在电气部分还是在机械等其他部分；是在电动机上还是在控制设备上；是在主电路上还是在控制电路上。 一般情况下，先检查控制电路，其方法是：操作某一开关或按钮时，控制电路中相关的接触器、继电器是否按规定的动作顺序进行工作。若依次动作至某一电器元件时，发现动作不符合要求，即说明该电器元件或相关电路有问题，再在此电路中进行逐项分析和检查，一般便可发现故障；当控制电路故障排除恢复正常后再接通主电路，检查对主电路的控制效果，观察主电路的工作情况有无异常
测量法	测量法是维修人员在检修电气设备故障时用来准确确定故障点的一种行之有效的检查方法。常用的测试工具和仪表有验电笔、万用表、钳形电流表、兆欧表等，主要通过对电路进行带电或断电时的电压、电阻、电流等参数的测量，判断电器元件的好坏、设备的绝缘情况及线路的通断情况等。 在用测量法检查故障点时，一定要保证测量工具和仪表完好，使用方法正确，同时还应注意防止感应电、回路电及其他并联支路的影响，以免产生误判。 常用的测量方法有：温度测量法、电压测量法、电阻测量法和短接法等
逻辑分析法	根据电气设备控制线路中主电路所用电器元件的文字符号、图形符号及控制要求，找到相应的控制电路。在此基础上，结合故障现象和工作原理，进行认真的分析排查，就可迅速判断故障发生的可能范围。 当故障可疑范围较大时，不必按部就班地逐级进行检查，可在故障范围的中间环节进行检查，迅速判断究竟故障发生在哪一部分，从而缩小故障范围，提高检修速度。 逻辑分析法特别适用于复杂控制线路的故障检查

四、电阻测量法的检测步骤

利用万用表等仪表测量线路通断或某个元器件的好坏，确定电气故障点的方法叫电阻测量法。可分为电阻分阶测量法和电阻分段法测量法两种，具有简单、直观的特点。

下面以图 2-17 所示的具有过载保护的接触器自锁正转控制线路中，接触器不能吸合电气故障检测为例进行说明。

1．电阻分阶测量法

电阻分阶测量法当测量某相邻两阶的电阻值突然增大时，则说明该跨接点为故障点。其测量方法和步骤如下：

（1）测量时，应将万用表的挡位选择在合适倍率的电阻挡。

（2）断开电源开关，取下控制电路熔断器熔体，用验电笔验电，确保控制电路断电状态下才可进行测量。

（3）按下启动按钮 SB1 不放，按图 2-21 所示的测量方法，依次测量 0-4、0-3、0-2、0-1 各两点之间的电阻值。

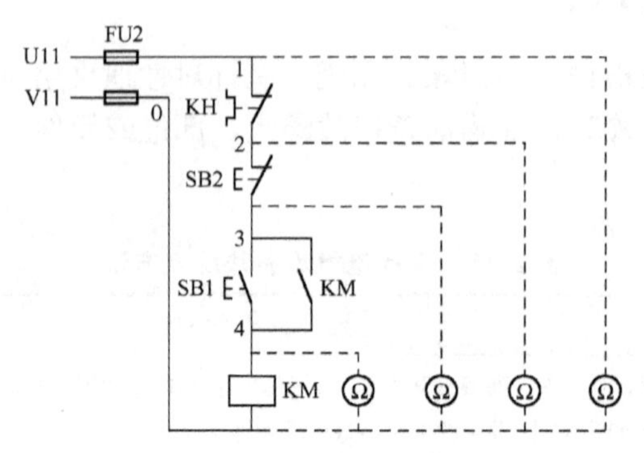

图 2-21　电阻分阶测量法

（4）根据测量结果，判断出故障点。其故障点判断方法，如表 2-22 所示。

表 2-22　测量结果与故障点判断

故障现象	测试状态	0-4	0-3	0-2	0-1	故障点
按下启动按钮 SB1，接触器 KM 不能吸合	按下 SB2 不放	∞	—	—	—	0-4 号点间接触器 KM 线圈断路或接线松脱
		R	∞	—	—	3-4 号点间的 SB1 常开触头接触不良或接线松脱
		R	R	∞	—	2-3 号点间的 SB2 常闭触头接触不良或接线松脱
		R	R	R	∞	1-2 号点间的 KH 常闭触头接触不良或接线松脱

注：表中 R 表示两个线号点间所测得的接触器线圈直流电阻值。

2．电阻分段测量法

电阻分段测量法当测量到某相邻两点的电阻值很大时，则说明该两点间即为故障点，如图 2-22 所示。

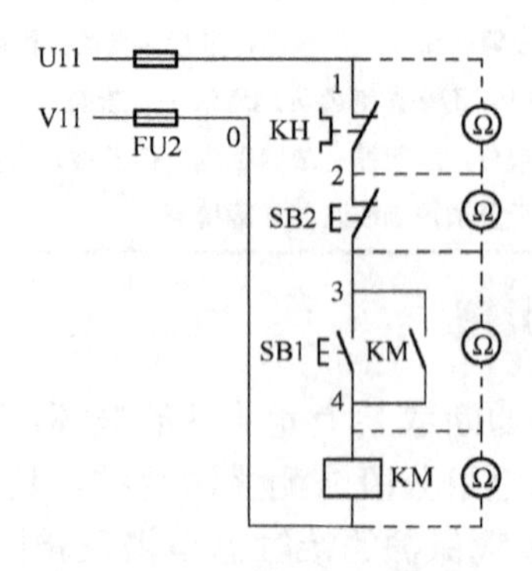

图 2-22　电阻分段测量法

其测量方法与步骤如下：

（1）断开电源开关，取下控制电路熔断器熔体，用验电笔验电，确保控制电路断电状态下才可进行测量。

（2）在按下启动按钮 SB1 不放，用万用表 R×1 挡逐一测量“1”与“2”、“2”与“3”、“3”与“4”点间的电阻值，若测得阻值为零表示线路和两点间的电器元件触头正常；若测得阻值很大，表示对应点间的连接线或电器元件可能接触不良或已开路。

（3）用万用表 R×100 或 1K 挡测量“4”与“0”号点间的接触器 KM 线圈的电阻，若阻值超过接触器线圈直流电阻值很多，表示连接线或接触器线圈已断开。

（4）根据测量结果，判断出故障点。其故障点判断如表 2-23 所示。

表 2-23　测量结果与故障点判断

故障现象	测试状态	1-2	2-3	3-4	4-0	故障点
按下启动按钮 SB1，接触器 KM 不能吸合	按下 SB2 不放	∞	—	—	—	1-2 号点间的 KH 常闭触头接触不良或接线松脱
		0	∞	—	—	2-3 号点间的 SB2 常闭触头接触不良或接线松脱
		0	0	∞	—	3-4 号点间的 SB1 常开触头接触不良或接线松脱
		0	0	0	∞	4-0 号点间接触器 KM 线圈断路或接线松脱

使用电阻法测量时应注意以下几点：

（1）测量前一定要切断控制线路电源。

（2）若所测量电路与其他电路有并联，须将该电路与其他电路先断开，否则测量电阻值不准确。

（3）测量高电阻值电器元件时，要将万用表的电阻挡转换到适当挡位。

思考与练习

1．交流接触器主要由哪几部分组成？简述其工作原理？

2．在电动机控制线路中，热继电器为什么不能作短路保护而只能作过载保护电器？

3．简述热继电器的选用方法？

4．什么是点动控制和自锁控制？说明点动控制线路与连续正转自锁控制线路有何异同？

5．什么是失压保护和欠压保护？为何说接触器自锁正转控制线路具有失压、欠压保护作用？

6．简述电动机基本控制线路的安装步骤。

7．说明板前明线布线的工艺要求。

8．简述电气故障检修的一般步骤。

9．以具有过载保护的接触器自锁正转控制线路为例，说明使用电阻测量法检查控制线路故障的步骤和注意事项。

项目 3

安装与检修小车自动往返控制线路

知识目标

熟悉位置开关的功能，结构与型号，技术参数，选用方法和安装与使用方法。

知道位置开关在低压电气控制设备中的典型应用。

熟悉电动机正反转，自动往返控制线路的功能及其在电气控制设备中的典型应用。

掌握行线槽配线电动机基本控制线路的安装步骤及工艺规范标准。

技能目标

能参照低压电器技术参数和小车自动往返控制要求选用位置开关。

会正确安装和使用位置开关，能对其常见故障进行处理。

会分析电动机正反转控制线路、自动往返控制线路的工作原理、特点及其在电气控制设备中的典型应用。

能根据要求安装与检修正反转、小车自动往返控制线路。

能够完成工作记录、技术文件存档与评价反馈。

知识准备

正转控制线路只能让电动机朝一个方向旋转，带动的生产机械运动部件也只能朝一个方向运动。实际的生产机械往往要求运动部件能够向正反两个方向运动。如 X62W 型万能铣床的工作台的前进与后退、主轴的正转与反转、起重机械吊钩的上升与下降等，这些生产机械要求电动机能够实现正反转。

对于三相交流异步电动机，当改变通入电动机定子绕组的三相电源相序，即将接入电动机的三相电源进线中任意两相对调接线时，电动机就可以实现反转。其原理就是当两相电源线调换后，三相电源所产生的旋转磁场也改变方向，转子导体所受的电磁力形成的电磁转矩随之改变方向。

任务 1　认识位置开关

在低压电气控制设备中常称位置开关为行程开关、限位开关。

1. 位置开关的功能

位置开关是用以反应工作机械的行程，当运动部件达到一定位置时，碰撞位置开关，使其触头动作，达到控制生产机械的运动方向和行程大小的作用。其作用与按钮基本相同，区别在于它不是手动开关，而是依靠生产机械的运动部件的碰压而使其触头动作。常用的位置开关有 LX19、JLXK1 系列等，其外形如图 1-55 所示。

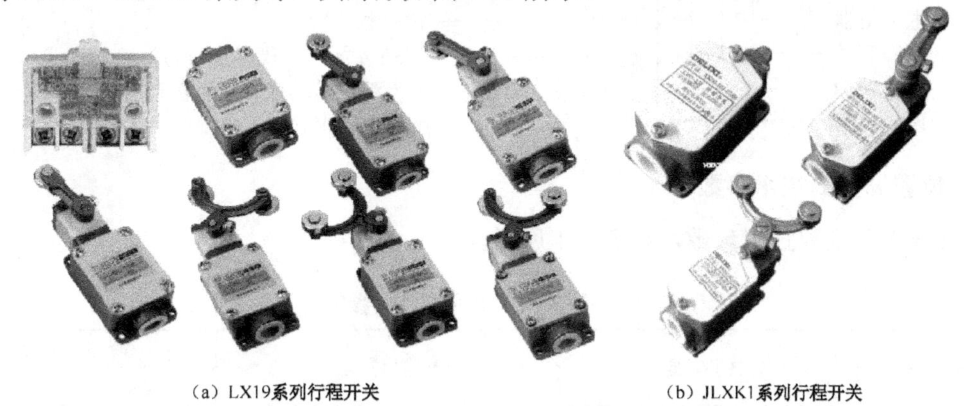

图 3-1 位置开关的外形

2. 位置开关的结构和符号

各系列位置开关的基本结构大体相同，都由操作机构、触头系统和外壳组成，如图 3-2（a）、（b）所示。位置开关在电路图中的符号如图 3-2（c）所示。

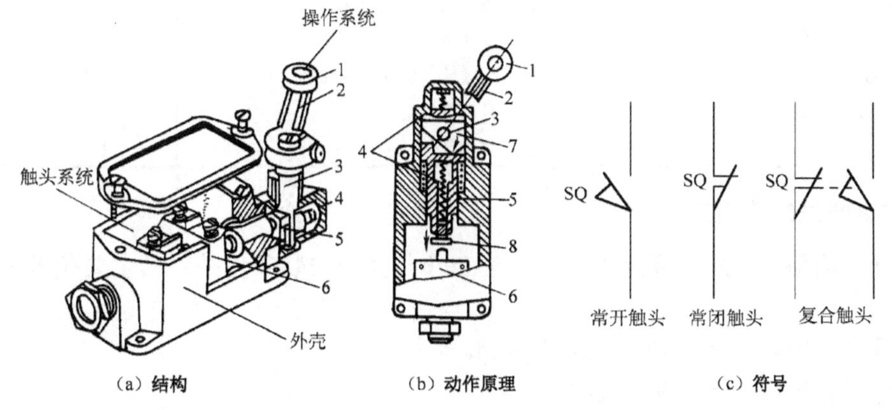

1—滚轮；2—杠杆；3—转轴；4—复位弹簧；5—撞块；6—微动开关；7—凸轮；8—调节螺钉

图 3-2 JLXK1 系列位置开关的结构和动作原理

以某种位置开关为基础，装置不同的操作机构，可得到各种不同形式的位置开关，常见的有按钮式（直动式）和旋转式（滚轮式）。

位置开关的触头类型有一常开一常闭、一常开二常闭、二常开一常闭、二常开二常闭等形式。动作方式可分为瞬动式、蠕动式和交叉式三种。动作后的复位方式有自动复位和非自动复位两种。

3. 位置开关的型号及含义

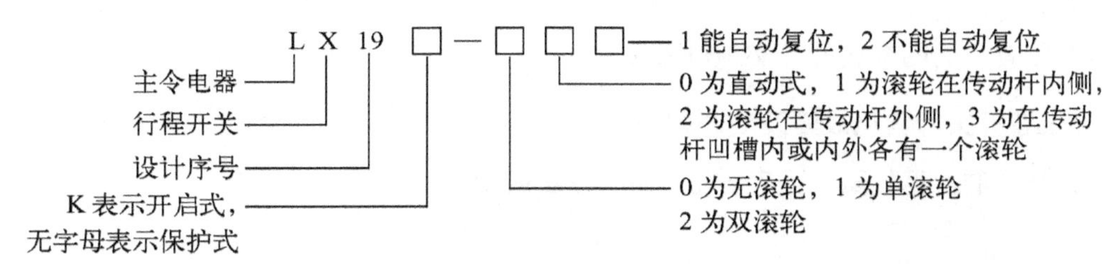

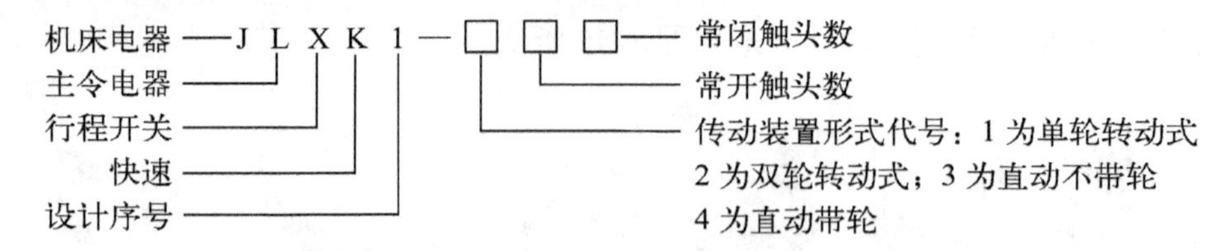

4. 位置开关的技术参数

位置开关的主要技术参数，如表 3-1 所示。

表 3-1 位置开关的主要技术参数

型　号	额定电压/额定电流	结构特点	触头对数	
			常开	常闭
LX19K	380V/5A	元件	1	1
LX19-111		内侧单轮，自动复位	1	1
LX19-121		外侧单轮，自动复位	1	1
LX19-131		内外侧单轮，自动复位	1	1
LX19-212		内侧双轮，不能自动复位	1	1
LX19-222		外侧双轮，不能自动复位	1	1
LX19-232		内外侧双轮，不能自动复位	1	1
JLXK1		快速位置开关（瞬动）		
LX19-001		无滚轮，仅径向转动杆	1	1
LXW1-11		自动复位		
LXW2-11		微动开关	1	1

5. 位置开关的选用方法

位置开关选用时，除应满足位置开关的工作条件和安装条件外，其主要技术参数的选用方法如下：

（1）根据使用场所及控制对象选用种类。

（2）根据安装环境选用防护形式。

（3）根据控制电路的额定电压和额定电流选用系列。

（4）根据机械与位置开关的传动与位移关系选用合适的操作头形式。

6. 位置开关的安装与使用方法

位置开关的工作条件与安装条件可参阅使用说明书，其安装与使用方法如下：

（1）安装位置应准确，安装应牢固。

（2）滚轮的方向不能装反，挡铁与其碰撞的位置应符合控制线路的要求，并能确保可靠地与挡铁碰撞。

（3）使用中应注意定期检查和保养，除去油垢及粉尘，清理触头，检查其动作是否灵活、可靠，及时排除故障。

（4）位置开关的金属外壳必须可靠接地。

7. 位置开关的常见故障及处理方法

位置开关的常见故障及处理方法，如表 3-2 所示。

表 3-2 位置开关的常见故障及处理方法

故障现象	可能原因	处理方法
挡铁碰撞位置开关后，触头不动作	（1）安装位置不准确 （2）触头接触不良或接线松脱 （3）触头弹簧失效	（1）调整安装位置 （2）更换触头或紧固接线 （3）更换弹簧
杠杆已偏转，或无外界机械力作用，但触头不能复位	（1）复位弹簧失效 （2）内部撞块受阻 （3）调节螺钉太长，顶住开关按钮	（1）更换弹簧 （2）清除杂物 （3）检查调节螺钉

技能训练场 9 识别与检测位置开关

1. 训练目标

（1）能分辨位置开关，熟悉其主要技术参数和适用范围。
（2）能判断位置开关的好坏。

2. 安装工具、仪器仪表及器材

（1）安装工具、仪器仪表：由学生自定。
（2）器材：JLX19、JLXK1 等系列位置开关，其型号规格自定。

3. 训练过程

（1）识别器件、识读使用说明书要求同技能训练场 1。
（2）认识位置开关结构：打开位置开关外壳，仔细观察其结构，熟悉其结构及工作原理。
（3）检测位置开关：分别使位置开关在自由释放、压合位置，用万用表测量各对触头之间的接触情况，再用兆欧表测量绝缘电阻，并判断其好坏。将结果填入表 3-3 中。

表 3-3 器件的检测

自由释放时	压合时
常开触头电阻值（Ω）	常闭触头电阻值（Ω）
绝缘电阻	
检测结果	

4. 注意事项、训练评价

同技能训练场 1。

任务 2 识读电动机正反转控制线路

一、识读接触器联锁正反转控制线路

接触器联锁的正反转控制线路电路图，如图 3-3 所示。
在该控制线路中，电动机正转用接触器 KM1 接通电源，反转用接触器 KM2 接通电源，再由正转按钮 SB1、反转按钮 SB2 分别控制接触器 KM1、KM2，这样利用两只接触器使接入电动机的电源相序发生变化，达到使电动机能够正反转的目的。相应地控制电路就有两条，一条是按钮 SB1 和 KM1 线圈等组成的正转控制电路；另一条是由按钮 SB2 和 KM2 线圈等组成的反转控制电路。

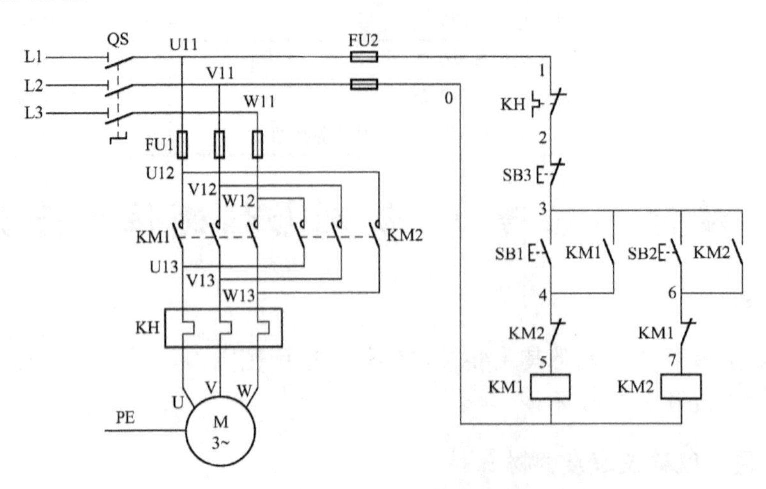

图 3-3　接触器联锁正反转控制线路电路图

指点迷津：防止接触器同时吸合的措施

在电动机正反转控制线路中，若接触器 KM1、KM2 的主触头同时闭合时，会造成两相（L1、L3 相）电源短路事故，因此，为避免两个接触器的主触头同时闭合（两个接触器线圈同时得电），我们在正反转控制电路中分别串接了对方接触器的一对常闭辅助触头，这样，当一个接触器线圈得电动作时，通过其常闭触头切断另一个接触器线圈的控制电路，使其线圈不能得电，有效地保证了两个接触器不能同时得电动作。

接触器间这种当一个接触器线圈得电动作时，通过其辅助常闭触头使另一个接触器线圈不能同时得电动作的相互制约作用称为接触器联锁（互锁）。实现联锁作用的辅助常闭触头称为联锁触头（或互锁触头）。联锁符号常用“▽”表示。

线路的工作原理如下：先合上电源开关 QS。

（1）正转控制

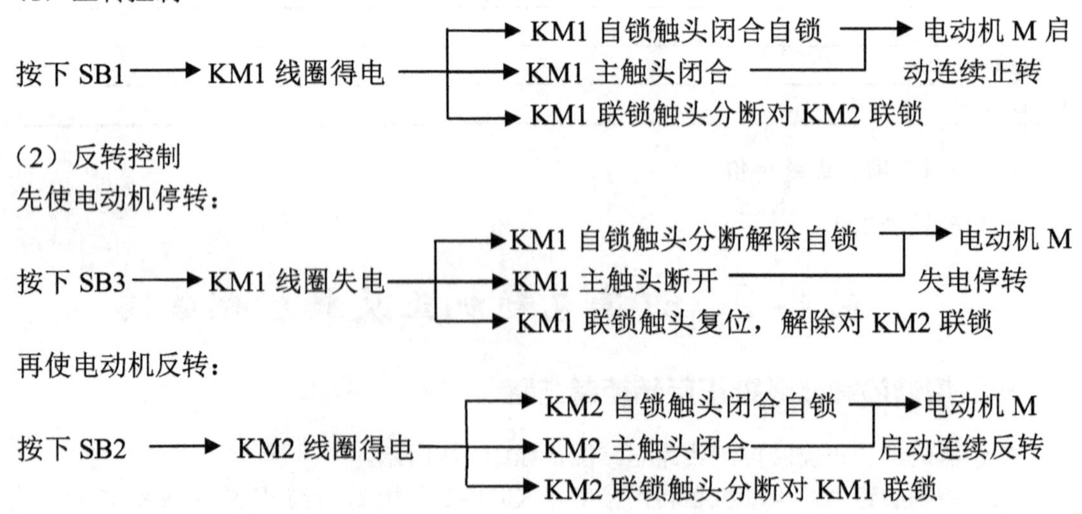

（3）停止控制

停止时，按下停止按钮 SB3，控制电路失电，接触器 KM1 或 KM2 主触头分断，电动机 M 失电停转。

二、识读按钮、接触器双重联锁正反转控制线路

由于接触器联锁正反转控制线路存在一定的不足，实际中常用按钮、接触器双重联锁的正反转控制线路，如图 3-4 所示。该控制线路达到了操作方便、工作安全可靠的目的。

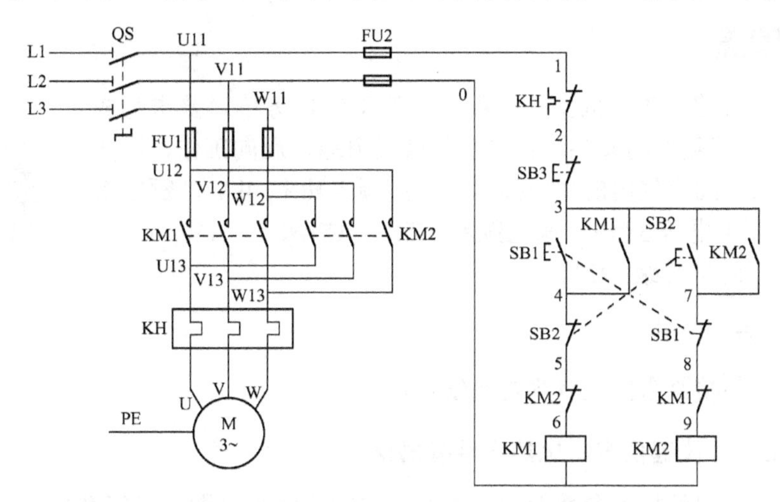

图 3-4　按钮、接触器双重联锁正反转控制线路电路图

线路的工作原理如下：先合上电源开关 QS。

（1）正转控制

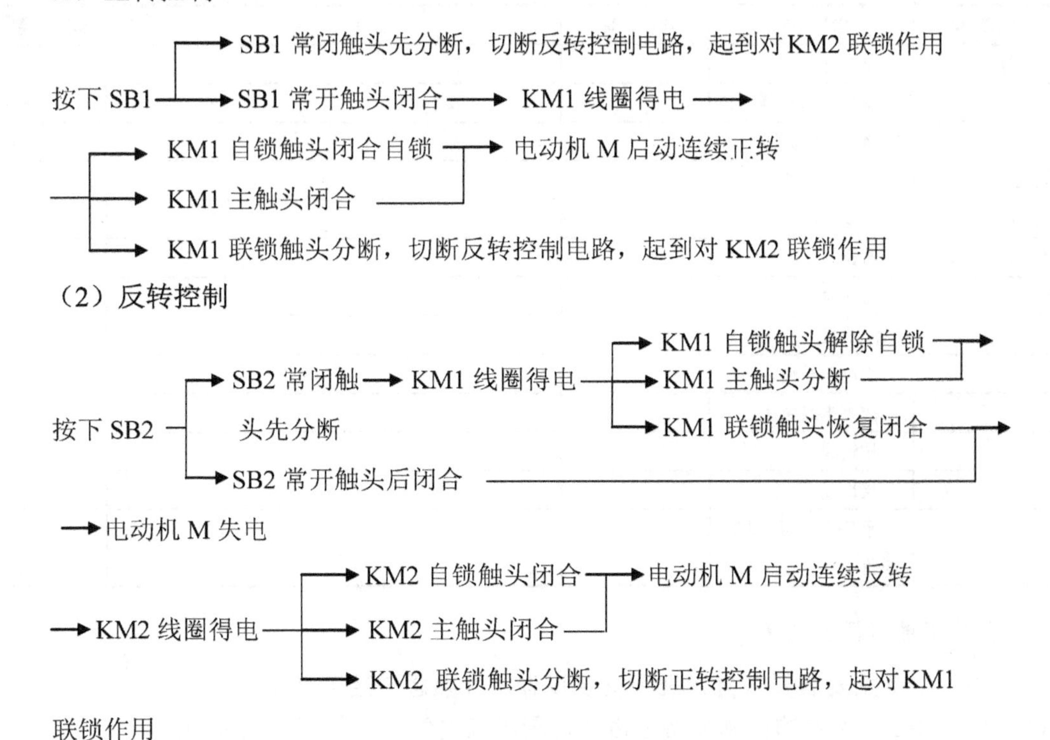

（3）停止控制

停止时，按下停止按钮 SB3，控制电路失电，接触器 KM1 或 KM2 主触头分断，电动机 M 失电停转。

技能训练场 10　安装与检修车间换气扇正反转控制线路

任务描述

小王接到了维修电工车间主任分配给他的工作任务单，要求完成“车间换气扇控制线路”的安装。要求能使换气扇能正反向工作，以实现换气功能。该车间换气扇的主要技术参数：额定功率 4kW，额定工作电流 8.8A，额定电压 380V，额定频率 50Hz，Δ接法，1 440r/min，绝缘等级 B 级，防护等级 IP23。

1．训练目标

能正确安装与检修车间换气扇控制线路。

2．安装工具、仪器仪表、电器元件等器材

根据车间换气扇的技术参数及图 3-3 所示控制线路电路图，自行准备安装工具、仪器仪表，选择合适的电器元件填入表 3-4 中。

表 3-4　电器元件明细表

器件代号	名　　称	型　号	规　　格	数　量
QS	组合开关			
FU1	螺旋式熔断器			
FU2	螺旋式熔断器			
KM1、KM2	交流接触器			
KH	热继电器			
SB1、SB2、SB3	按钮			
XT	接线排			
	配线板			
	主电路导线			
	控制电路导线			
	按钮线			
	接地线			
	紧固件及异型塑料管			

3．安装步骤及工艺要求

（1）由学生根据安装要求自行规划安装步骤，并熟悉安装工艺要求。

（2）根据图 3-3 所示的控制线路电路图，画出其电气布置图和电气接线图。

（3）检测所选择电器元件的质量。

（4）经指导老师审查同意后，安装控制线路板，完成后需经自检、校检，合格后通电试车。

4．控制线路板安装注意事项

（1）接触器联锁触头接线必须正确，否则将会造成主电路中两相电源短路事故。

（2）电动机及所有带金属外壳的电器元件必须可靠接地。

（3）热继电器的整定电流应按实际车间换气扇的额定电流及工作方式进行整定。

（4）通电试车前应认真仔细检查线路，确保线路布线、接线符合要求。

（5）通电试车必须经指导教师检查合格后，在指导教师的监护下进行。

5．检修车间换气扇控制线路

检修车间换气扇控制线路的步骤及工艺要求如下：

（1）故障设置。在控制电路或主电路人为设置电气自然故障 2～3 处。

（2）指导教师示范检修。指导教师进行示范检修时，学生仔细观察其检修步骤及工艺要求。

（3）用试验法观察故障现象。主要观察车间换气扇运行情况、接触器动作情况和线路的工作情况等，如发现有异常情况，应立即断电检查。

（4）用逻辑分析法缩小故障范围，并在控制线路电路图上用虚线标出故障部位的最小范围。

（5）采用电压分阶测量法，准确、迅速地找出故障点。

（6）根据故障点的不同情况，采取正确的修复方法，迅速排除故障。

（7）确认故障排除后，通电试车。

（8）填写检修记录单。

检修注意事项：

（1）要认真听取和仔细观察指导教师在示范过程中的讲解和检修操作。

（2）熟悉车间换气扇控制线路中各个环节的作用和原理。

（3）在检修过程中，分析思路要清晰、排除方法要正确规范、工具和仪表使用要正确。

（4）不能随意更改控制线路和带电触摸电器元件。

（5）采用电压分阶测量法测量时，必须有指导教师在现场监护，并且确保用电安全。

6．训练评价

参考技能训练场 7、8。

任务 3　识读小车自动往返控制线路

在工厂生产设备中，很多生产机械的运动部件的行程或位置必须受到限制，或者需要其运动部件在一定的行程内自动循环等，因此，在这些生产设备的相应位置上需要安放位置开关，在工作台上安装挡铁，当运动部件移动到规定位置时，挡铁碰撞位置开关，使位置开关发出信号，从而控制电动机，使运动部件停止或返回。这种以机械运动部件的位置变化来控制电动机的运转状态称为行程控制。行程控制适用于小容量电动机的拖动系统中，如摇臂钻床、万能铣床、镗床、桥式起重机、运料小车、锅炉上煤机中电动机的控制。

一、识读位置控制线路

位置控制（又称行程控制或限位控制）的控制线路电路图如图 3-5 所示。图中下面为某生产机械上小车运动示意图，在工作台的两头终端处各安装一个位置开关 SQ1 和 SQ2，将这两个位置开关的常闭触头分别串接在正转和反转控制电路中。在小车前后各装有挡铁 1 和 2，小车的行程和位置可通过移动位置开关的安装位置来调节。

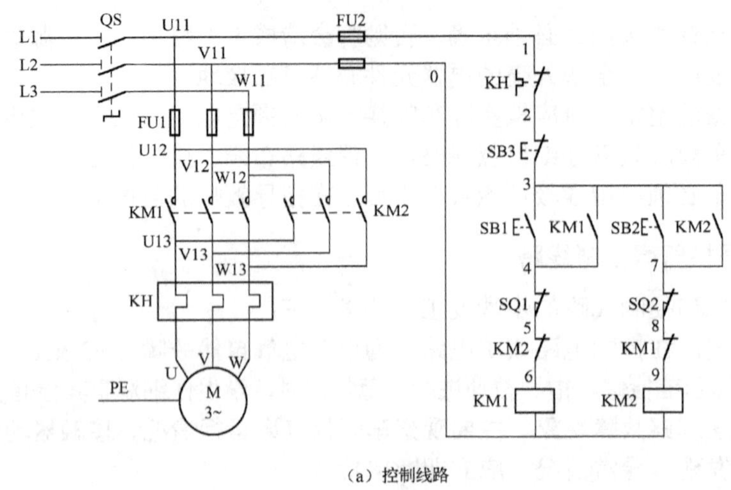

（a）控制线路

（b）小车示意图

图 3-5　位置控制线路电路图

线路的工作原理如下，先合上电源开关 QS。

（1）小车向左运动控制

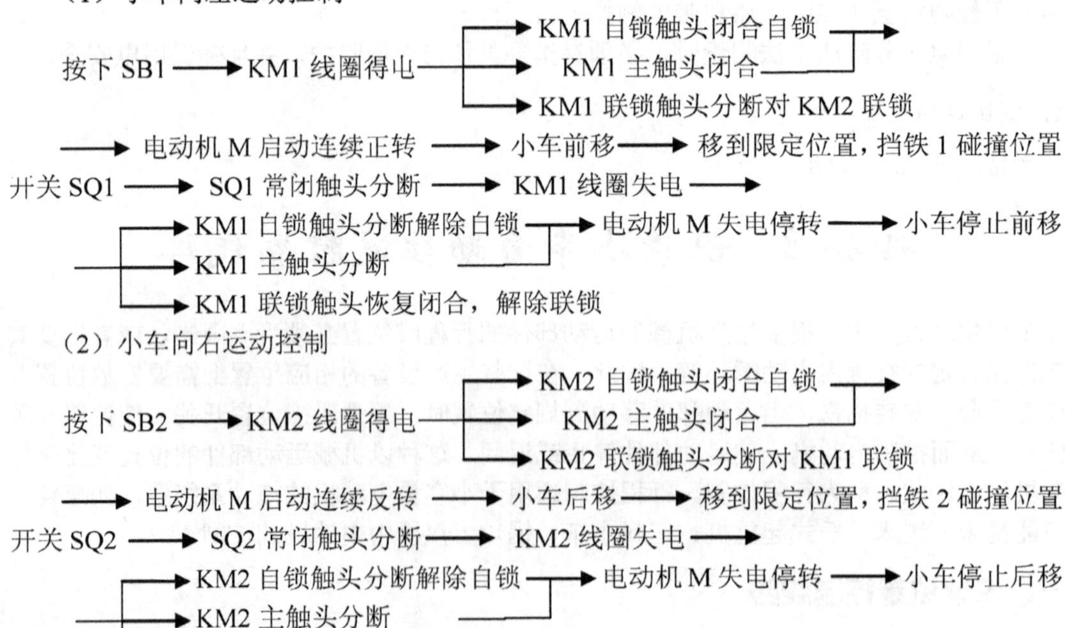

注：小车从前移极限位置向后运动时，SQ1 常闭触头会自动复位，为下一次限位作准备。

（3）停止控制

停止时，只需按下 SB3 即可。

想 一 想

■ 小车位置控制线路与电动机正反转控制线路有何异同？

■ 当小车运动到左侧或右侧限位位置时，再按下 SB1 或 SB2，接触器 KM1 或 KM2 线圈能否再得电？是否会使小车继续向前或向后前进？为什么？

■ 位置开关 SQ1、SQ2 常闭触头在控制电路中的串接位置与实际安装位置有何关联关系？

■ 如果生产机械要求工作台能在一定的行程内自动循环往返运动，可以采用什么方法来实现？

二、识读工作台自动往返控制线路

在生产实际中，有些生产机械的工作台要求在一定行程内能自动往返运动，以便实现对工件的连续加工，提高生产效率，这就需要电气控制线路能对电动机实现自动转换正反转控制。利用位置开关实现工作台自动往返控制线路如图 3-6 所示。

在该控制线路中，设置了四只位置开关 SQ1、SQ2、SQ3、SQ4，并将它们安装在运动部件往返运动所需限位的地方。其中 SQ1、SQ2 被用于自动换接电动机正反转控制电路，实现运动部件的自动往返行程控制；SQ3、SQ4 被用于运动部件的终端保护，其目的是防止 SQ1、SQ2 失灵时，运动部件不能越过限定位置。

运动部件下面的挡铁 1 只能和 SQ1、SQ3 相碰撞，挡铁 2 只能和 SQ2、SQ4 相碰撞。当运动部件运动到所限位置时，挡铁碰撞相应的位置开关，使其动作，自动换接电动机正反转控制电路，通过机械传动机构使运动部件自动循环往返运动。运动部件行程大小可通过移动挡铁位置来调节。

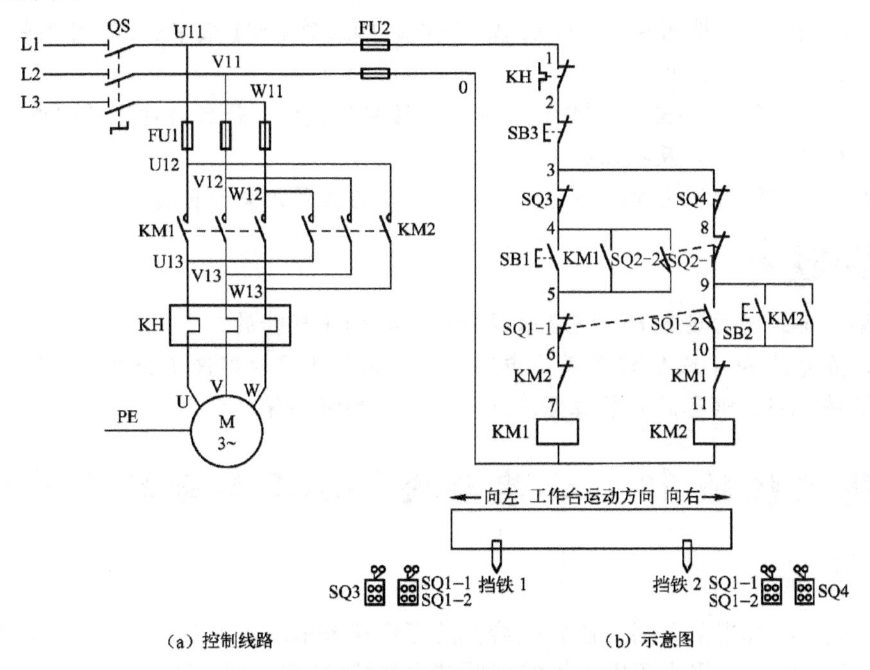

图 3-6 工作台自动往返控制线路电路图

线路的工作原理如下：先合上电源开关 QS。

启动与自动往返运动控制：

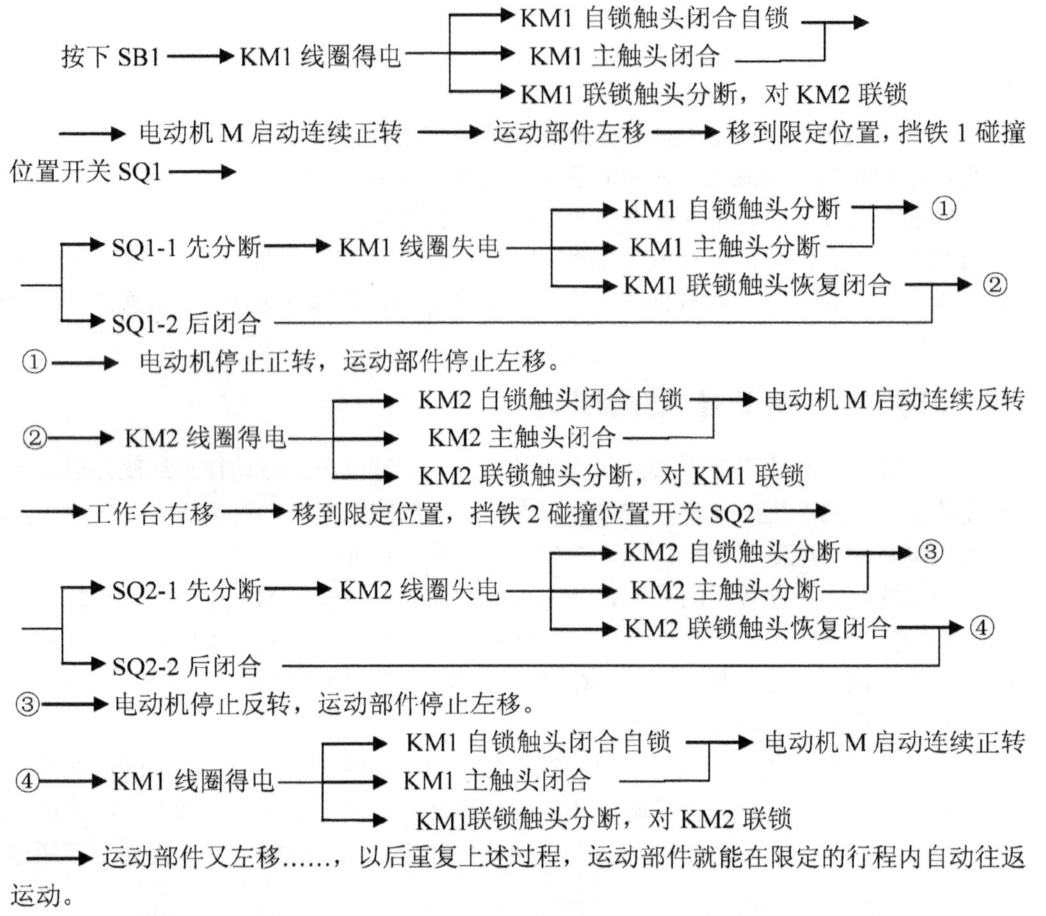

停止时，按下停止按钮 SB3，控制电路失电，接触器 KM1 或 KM2 主触头分断，电动机 M 失电停转，运动部件停止运动。

注：（1）按钮 SB1、SB2 分别作为正转、反转启动按钮，若启动时运动部件停止在左侧，则应按下 SB2 进行启动，反之应按下 SB1。

（2）当运动部件向相反方向移动时，原先压合的位置开关会自动复位。

想 一 想

- 电路中是如何通过 SQ1、SQ2 来控制电动机的正反转的？
- 若位置开关 SQ1 或 SQ2 失灵，电路中是如何防止运动部件不会冲出导轨的？
- 如果将 SQ3、SQ4 的安装位置装反，能否起到终端保护作用？

技能训练场 11　安装与检修小车自动往返控制线路

任务描述

小王接到了维修电工车间主任分配给他的工作任务单，要求完成“运煤小车自动往返控制线路板”的安装。该运煤小车电动机的主要技术参数：额定功率 5.5kW，额定工作电流 11.1A，额定电压 380V，额定频率 50Hz，Δ接法，2 990r/min，绝缘等级 B 级，防护等级 IP23。

1．训练目标

（1）熟悉板前行线槽布线的工艺要求。
（2）掌握位置开关的安装、调试要求。
（3）能正确安装与检修运煤小车自动往返控制线路。

2．安装工具、仪器仪表、电器元件等器材

根据运煤小车电动机的技术参数及图 3-5 所示控制线路电路图，自行选择合适的安装工具、仪器仪表、电器元件。

3．安装步骤及工艺要求

本控制线路安装要求采用“板前行线槽配线”。
（1）安装前认真阅读阅读材料 3“板前行线槽配线”安装步骤，熟悉安装工艺要求。
（2）根据图 3-5 所示的控制线路电路图，画出其电气布置图和电气接线图。
（3）经指导老师审查同意后，在控制线路板上安装行线槽和所有电器元件，并贴上醒目的文字符号。
（4）按图所画的电气接线图进行板前行线槽配线，并在导线端部套编码套管和冷压接线头。
（5）采用合适的方法检查控制线路板接线的正确性。
（6）安装电动机。
（7）连接电动机和按钮金属外壳的保护接地线。
（8）连接电源、电动机等控制板外部的导线。
（9）自检。
（10）交验。
（11）交验合格后通电试车。

指点迷津：运煤小车自动往返控制线路电气布置图与电气接线图

运煤小车自动往返控制线路电气布置图如图 3-7 所示，其电气接线图如图 3-8 所示。

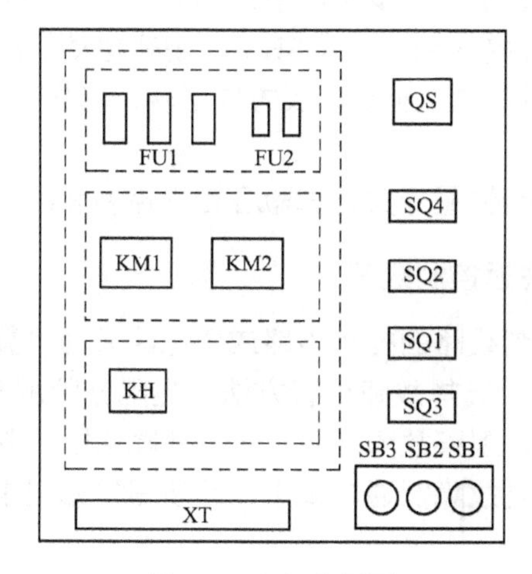

图 3-7　电气布置图

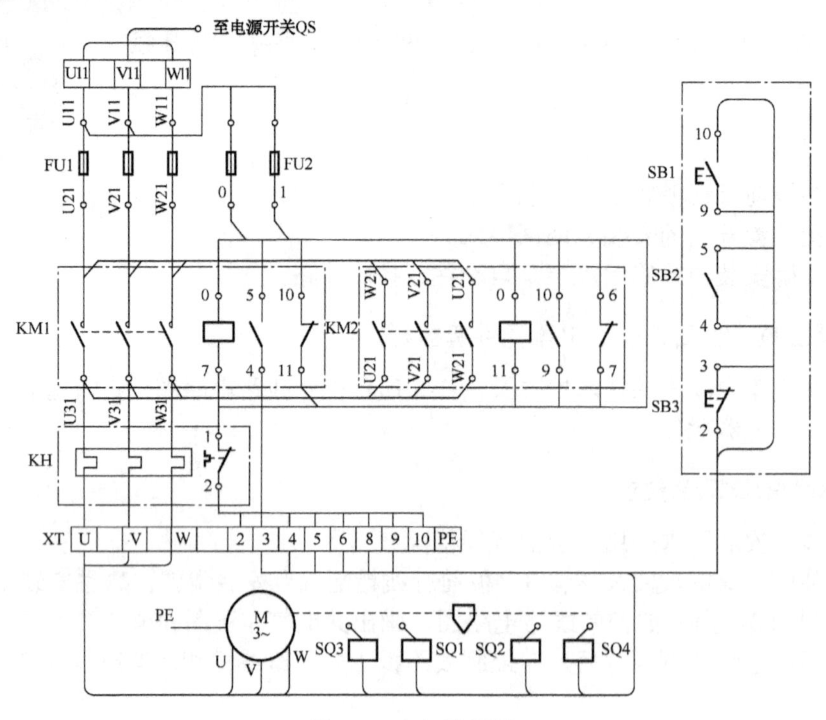

图 3-8　电气接线图

4．控制线路板安装注意事项

（1）位置开关必须牢固安装在合适的位置上，且其安装方向应符合小车运运要求。安装完毕后，必须用手控小车或受控制机械进行试验，合格后才能使用。在训练中，若无条件进行实际小车安装试验时，可将位置开关安装在控制板下方或右侧，进行手控模拟试验。

（2）电动机、位置开关、按钮等带金属外壳的电器元件必须可靠接地。

（3）热继电器的整定电流应按实际运煤小车电动机的额定电流及工作方式进行调整。

（4）通电试车前应认真仔细检查线路，确保线路布线、接线符合要求。

（5）通电试车必须经指导教师检查合格后，在指导教师的监护下由学生独立进行。若出现故障则由学生自行排除。通电试车步骤如下：

先合上电源开关 QS，再按下 SB1（或 SB2），观察电动机的控制要求是否达到；再拨动位置开关 SQ1（或 SQ2），观察电动机能否反方向运转；当拨动位置开关 SQ3（或 SQ4）时，电动机能够停止转动。

（6）校验时，必须先手动位置开关，试验各行程控制和终端保护动作是否正常可靠。

5．检修运煤小车自动往返控制线路

在运煤小车自动往返控制线路的控制电路或主电路人为设置电气自然故障两处。学生自编检修步骤与工艺要求、自行选择故障检查方法（电阻分阶测量法、电压分阶测量法）；在指导教师监护下通电试运行，观察故障现象、分析故障原因、判断故障范围、通过测量迅速准确地确定故障点，自行修复故障及通电试车，并填写检修记录单。

检修注意事项：

（1）要仔细阅读阅读材料 3“电气设备故障检修方法（二）”，熟悉运煤小车控制线路中各个环节的作用和原理。

（2）严禁扩大和产生新的故障，否则应立即停止检修。

（3）故障分析思路要清晰、排除方法要正确规范、工具和仪表使用要正确。

（4）寻找故障时，不能漏检位置开关。

（5）不能随意更改控制线路和带电触摸电器元件。

（6）采用电阻分段、分阶测量检查故障时，必须切断电源；采用电压测量法测量时，必须有指导教师在现场监护，并且确保用电安全。

6. 训练评价

参考技能训练场 7、8。

阅读材料 3　电气设备故障检修方法（二）——电压测量法

电压测量法就是通过检测控制线路各接线点之间的电压来判断故障的方法。可分为电压分阶测量法和电压分段测量法。测量检查时，应先将万用表的转换开关置于电压相应的挡位（视控制电路、主电路的电源种类和电压值而定）。

1. 电压分阶测量法

测量时，像上、下台阶一样依次测量电压，称为电压分阶测量法。当测量某相邻两阶的电压值突然为零时，则说明该跨接点为故障点。下面以图 2-17 所示控制电路为例进行说明。

电压分阶测量法如图 3-9 所示。其测量步骤及方法如下：

（1）断开主电路负载，接通控制电路的电源，如按下启动按钮 SB1 时，接触器 KM 不能吸合，则说明控制电路有故障。

（2）测量时，将万用表的挡位选择在交流电压 500V 挡。

（3）先测 U11、V11 两点间的电压，若电压为 380V，则说明控制电路的电源电压正常，否则应先检查控制电路电源。

（4）按下启动按钮 SB1 不放，先后测 0-1、0-2、0-3、0-4 号点间的电压，若某处电压为零，则说明该处有故障，具体分析如表 3-5 所示。表中符号“—”表示不需再测量。

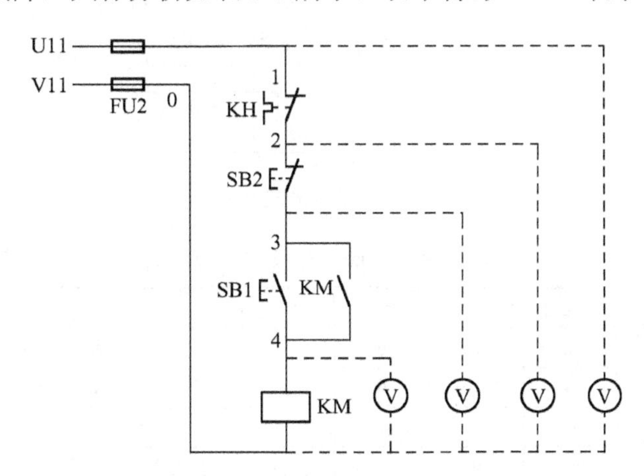

图 3-9　电压分阶测量法

表 3-5　测量结果与故障点判断

故障现象	测试状态	0-1	0-2	0-3	0-4	故　障　点
按下启动按钮 SB1，接触器 KM 不能吸合	按下 SB1 不放	0	—	—	—	熔断器 FU2 熔断或接触不良
		380V	0	—	—	1-2 号点间的 KH 常闭触头接触不良或接线松脱
		380V	380V	0	—	2-3 号点间的 SB2 常闭触头接触不良或接线松脱
		380V	380V	380V	0	3-4 号点间的 SB1 常开触头接触不良或接线松脱
		380V	380V	380V	380V	0-4 号点间接触器 KM 线圈断路或接线松脱

2．电压分段测量法

电压分段测量法就是分段测量两个线号间的电压值，当测量某相邻两点间的电压值突变为控制电路电压时，则说明该跨接点为故障点。下面以图 2-17 所示的控制电路故障为例进行说明。

电压分阶段测量法如图 3-10 所示，其测量步骤及方法如下：

（1）断开主电路负载，接通控制电路的电源，如按下启动按钮 SB1 时，接触器 KM 不能吸合，则说明控制电路有故障。

（2）测量时，将万用表的挡位选择在交流电压 500V 挡。

（3）接通电源，先测量 0 和 1 点之间的电压是否为 380V，若为 380V 则说明控制电路电源正常，否则应先检查熔断器 FU2。

（4）按下启动按钮 SB1 不放，先分别测量 1 和 2、2 和 3、3 和 4、4 和 0 号点之间的电压。根据测量结果即可找出故障点。其可能的故障点推断方法是：若某两点间电压为 380V（控制电路电源电压值），其他点间电压为零，则说明这两点间的触头接触不良或导线断开，如表 3-6 所示。但对继电器的线圈，最好用万用表测量其电阻值，以判断线圈是否断路等故障。

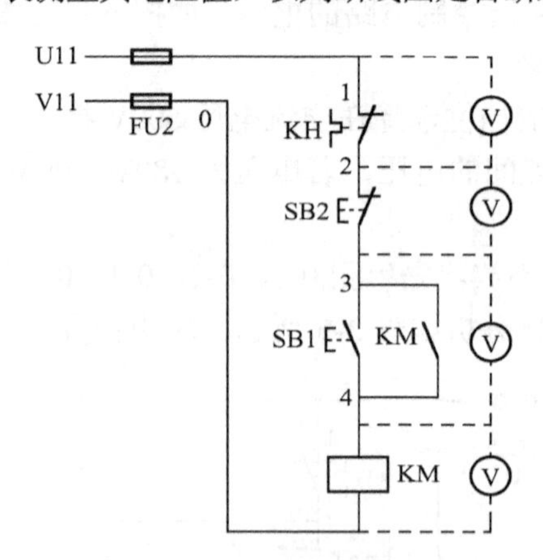

图 3-10　电压分段测量法

表 3-6　电压分阶测量法查找故障点

故障现象	测试状态	1-2	2-3	3-4	4-0	故　障　点
按下启动按钮 SB1，接触器 KM 不能吸合	按下 SB1 不放	380V	0	0	0	热继电器 KH1 常闭触头接触不良或接线断开
		0	380V	0	0	停止按钮 SB2 常闭触头接触不良或接线断开
		0	0	380V	0	启动按钮 SB1 常开触头接触不良或接线断开
		0	0	0	380V	接触器 KM 线圈断路或接线断开

阅读材料 4　板前行线槽配线工艺要求

1．行线槽安装时，应做到横平竖直、排列整齐匀称、安装牢固和便于走线。行线槽对接时应采用 45° 角对接。

2．所用导线的截面积在大于或等于 0.5mm^2 时，必须采用软线。考虑机械强度的原因，所用导线的最小截面积，在控制箱外为 1mm^2，在控制箱内为 0.75mm^2。但对控制箱内很小电流的电路连线，如电子逻辑电路，可采用 0.2mm^2，并且可以采用硬线，但只能用于不移动又无振动的场合。

3．布线时，严禁损伤线芯和导线的绝缘层。

4．各电器元件接线端子引出导线的走向，以元件的水平中心线为界线，在水平中心线以上接线端子引出的导线，必须进入元件上面的行线槽；在水平中心线以下接线端子引出的导线，必须进入元件下面的行线槽。任何导线不允许从水平方向进入行线槽内。

5．各电器元件接线端子上引出或引入的导线，除间距很小或元件机械强度允许直接架空外，其他导线必须经过行线槽进行连接。

6．进入行线槽内的导线要完全放置于行线槽内，并应尽可能避免交叉，装线不要超过行线槽容量的 70%，以便于盖上行线槽盖和以后的装配及检修。

7．各电器元件与行线槽之间的外露导线，应走线合理，并尽可能做到横平竖直，变换走向要垂直。同一电器元件上位置相同的端子和同型号电器元件中位置相同的端子上引出或引入的导线，要在同一平面上，并做到高低一致或前后一致，不得交叉。

8．所有接线端子、导线线头上都应套有与电路图上相应接点编号一致的编码套管，并按线号进行连接，连接必须可靠，不得松动。

9．在任何情况下，接线端子必须与导线截面积和材料性质相适应。当接线端子不适合连接软线或较小截面的软线时，可以在导线端头穿上针形或叉形轧头并压紧。

10．一般一个接线端子只能连接一根导线，如果采用专门设计的端子，可以连接两根或多根导线，但导线的连接方式必须是公认的、在工艺上成熟的方式，如夹紧、压接、焊接、绕接等，并应严格按照连接工艺的工序要求进行。

思考与练习

1．如何使三相交流异步电动机改变转向？

2．什么是联锁控制？在三相交流异步电动机正反转控制线路中为什么必须有联锁控制？

3．什么是电压分阶测量法、电压分段测量法？在接触器、按钮双重联锁正反转控制线路中，以按下正转启动按钮 SB1 接触器 KM1 不能吸合，但按下反转启动按钮 SB2 接触器 KM2 能吸合为例，说明采用电压分阶测量法、电压分段测量法判断故障检测步骤。

4．说明板前行线槽配线的工艺要求。

5．什么是位置控制？说明如图 3-6 所示运动部件自动往返控制线路电路图中位置开关 SQ1、SQ2、SQ3、SQ4 的作用。

项目 4

安装与检修水泵电动机降压启动控制线路

知识目标

熟悉时间继电器的功能、结构与型号、技术参数、选用方法和安装与使用方法。

熟悉时间继电器的工作原理及其在低压电气控制设备中的典型应用。

知道三相交流异步电动机全压启动条件与降压启动方法及在电气控制设备中的典型应用。

熟悉时间控制原则及其在电气控制设备中的典型应用。

技能目标

能参照时间继电器技术参数和控制要求选用常见时间继电器。

会正确安装和使用常见时间继电器，能对其常见故障进行处理。

会分析三相交流异步电动机定子绕组串接电阻降压启动，星三角形降压启动控制线路的工作原理、特点，及其在电气控制设备中的典型应用。

能根据要求安装与检修水泵电动机降压启动控制线路。

能够完成工作记录，技术文件存档与评价反馈。

知识准备

1. 三相交流异步电动机全压启动的条件

三相交流异步电动机的全压启动又称为直接启动，是指启动时将电动机的额定电压直接加在电动机定子绕组上使电动机启动。

通常规定：当电源容量在 180kVA 以上，电动机容量在 7kW 以下的三相交流异步电动机可采用直接启动。

判断一台三相交流异步电动机能否直接启动，可以用下面的经验公式来确定：

$$\frac{I_{st}}{I_N} \leqslant \frac{3}{4} + \frac{S}{4P}$$

式中 I_{st}——电动机全压启动电流（A）；

I_N——电动机额定电流（A）；

S——电源变压器容量（kVA）；

P——电动机功率（kW）。

凡是不能满足直接启动条件的三相交流异步电动机，均须采用降压启动。

2. 三相交流异步电动机的降压启动及其方法

降压启动是利用降压启动设备，使电压适当降低后再加到电动机定子绕组上进行启动，待电动机启动运转，转速达到一定值时，再使电动机上的电压恢复到额定值正常运转。

由于电动机上的电流随电压的降低而减小，所以降压启动达到了减小启动电流之目的，能将启动电流控制在额定电流的 2～3 倍。但是，由于电动机的转矩与电压的平方成正比，所以降压启动必将导致电动机的启动转矩大为降低。因此，降压启动只能在电动机空载或轻载下启动。

常见的三相交流异步电动机降压启动方法有定子绕组串接电阻降压启动，自耦变压器降压启动，Y—Δ 降压启动和延边三角形降压启动等 4 种。

任务 1 认识时间继电器

时间继电器是继电器的一种，有空气阻尼式、电磁式、电动式及晶体管式等几种。

1．时间继电器的功能

时间继电器是一种利用电磁原理或机械动作原理实现自得到信号起到触头延时闭合（或延时断开）的自动控制电器，用于接收电信号至触头动作需要延时的场所。在低压电气控制设备中，作为实现按时间原则控制的元件或机床机构动作的控制元件。

2．时间继电器的结构、工作原理与符号

（1）JS1-□A 系列空气阻尼式时间继电器的结构、工作原理

空气阻尼式时间继电器又称气囊式时间继电器。其外形和结构如图 4-1 所示，主要由电磁系统、延时机构和触头系统三部分组成。电磁系统为直动式双 E 形电磁铁；延时机构采用气囊式阻尼器，其空气室为一空腔，由橡皮膜、活塞等组成，橡皮膜可随空气增减而移动，顶部的调节螺钉可调节延时时间；触头系统是借用 LX5 型微动开关，包括两对瞬时触头（1 常开 1 常闭）和两对延时触头（1 常开 1 常闭）；其传动机构由推杆、活塞杆、杠杆等组成；基座用金属板制成，用以固定电磁系统和延时机构。根据触头的延时特点，可分为通电延时动作型和断电延时复位型两种。

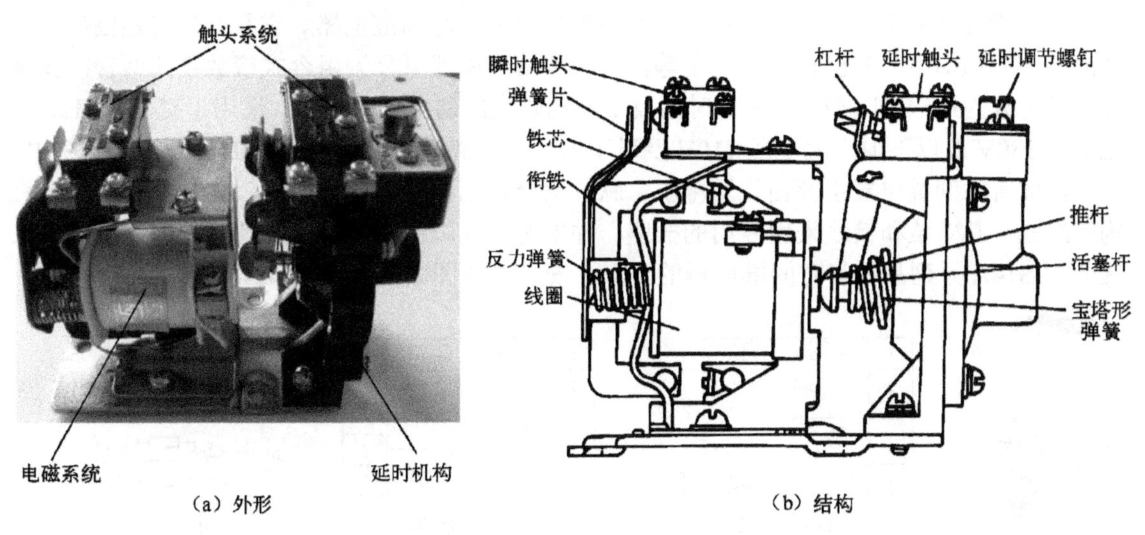

图 4-1 JS1-□A 系列时间继电器的外形与结构

该系列时间继电器具有延时范围大、不受电压和频率波动影响、可做成通电和断电延时

型两种形式、结构简单、寿命长等特点，但延时时间不够精确。

JS1-□A 系列时间继电器的结构原理示意图如图 4-2 所示。

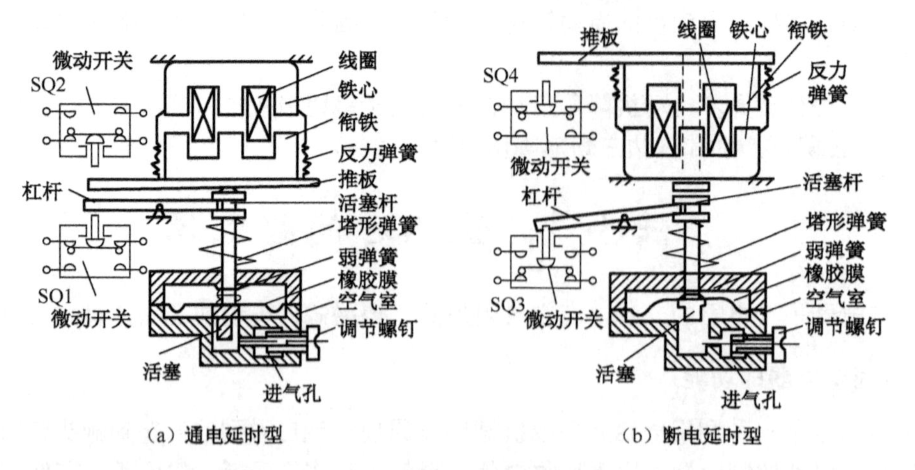

（a）通电延时型　　（b）断电延时型

图 4-2　JS1-□A 系列时间继电器的结构原理

对通电延时型时间继电器，当线圈得电时，铁芯产生吸力，衔铁克服反作用力弹簧的阻力与铁芯吸合，带动推板使微动开关 SQ2 瞬时动作，其瞬时触头中的常闭触头断开，常开触头闭合。同时活塞杆在宝塔形弹簧的作用下移动，带动与活塞相连的橡皮膜移动（运动速度受进气孔进气速度限制），经过一段时间后，活塞完成全部行程而压动微动开关 SQ1，其延时触头动作（常闭触头断开，常开触头闭合）。

当线圈断电时，衔铁在反作用力弹簧的作用下，通过活塞杆作用，橡皮膜内空气迅速排掉，各对触头均瞬时复位。

对断电延时型时间继电器，它与通电延时型时间继电器的组成元件相同。只需要将电磁系统翻转 180° 安装即成断电延时型时间继电器，其工作原理基本相同。

（2）JS14A 系列晶体管时间继电器的结构、工作原理

晶体管时间继电器也称半导体时间继电器或电子式时间继电器。它具有延时范围广、精度高、消耗功率小、寿命长、体积小等特点。按结构原理可分为阻容式或数字式两种；按延时方式可分为通电延时型、断电延时型及带瞬动触头的通电延时型等，适用于交流 50Hz，交流电压 380V 及以下或直流电压 110V 及以下的，要求高精度、高可靠性的自动控制系统中。

晶体管时间继电器主要由稳压电源、脉冲信号发生器，分频计数器，控制电路及执行机构等组成。其安装和接线采用专用的插座，并配有带插脚标记的标牌。其时间整定用旋钮来调节。JS14A 系列晶体管时间继电器的外形、安装接线图如图 4-3 所示。

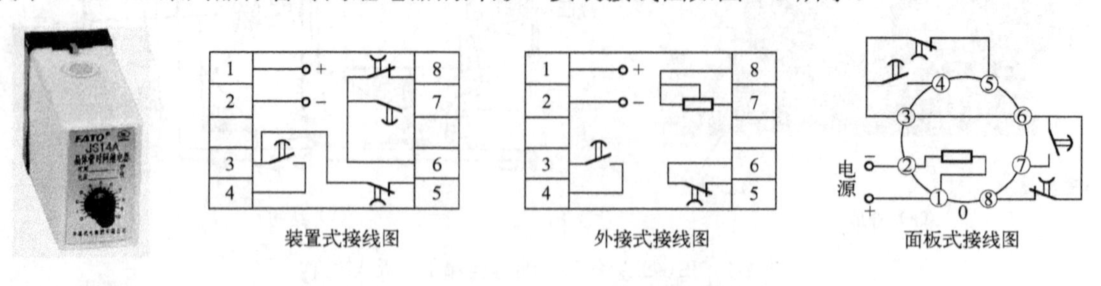

（a）外形图　　（b）安装接线图

图 4-3　JS14A 系列晶体管时间继电器的外形、安装接线图

JS14A 系列晶体管时间继电器的延时范围如表 4-1 所示。

表 4-1　JS14A 系列晶体管时间继电器的延时范围

延时范围代号	1	5	10	30	60	120	180	300	600	900	1200	1800	3600
延时范围（S）	0.1-1	0.1-5	1-10	1-30	1-60	12-120	18-180	30-300	60-600	90-900	120-1200	180-1800	360-3600

（3）时间继电器的符号

时间继电器在电路图中的符号如图 4-4 所示。

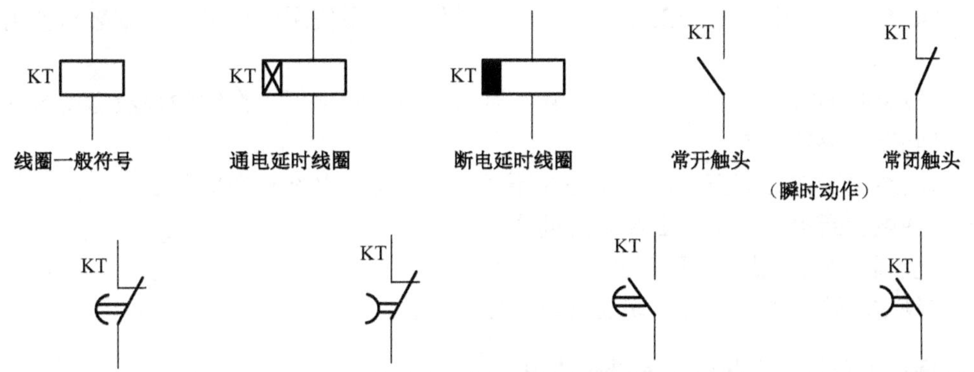

图 4-4　时间继电器的符号

3．时间继电器的型号及含义

JS1-□A 系列时间继电器的型号及含义如下：

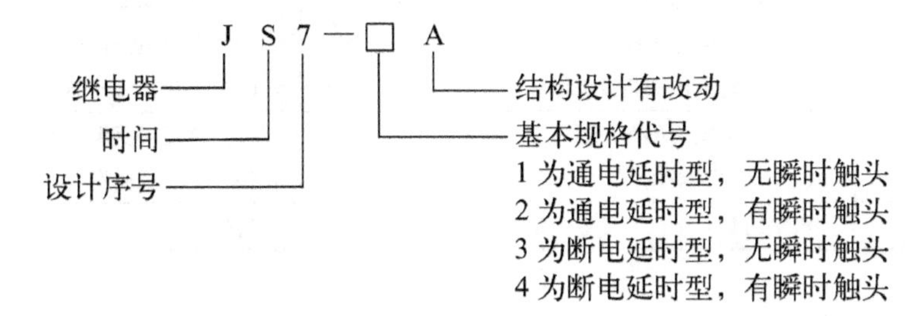

4．JS1-□A 系列时间继电器的技术参数

JS1-□A 系列时间继电器的主要技术参数，如表 4-2 所示。

表 4-2　JS1-□A 系列时间热继电器的主要技术参数

型　号	瞬时动作触头对数		延时动作触头对数				触头额定电压（V）	触头额定电流（A）	线圈电压（V）	延时范围（s）	额定操作频率（次/H）
			通电延时		断电延时						
	常开	常闭	常开	常闭	常开	常闭					
JS1-1A	—	—	1	1	—	—	380	5	24、36、110、127、220、380、420	0.4～60 及 0.4～180	600
JS1-2A	1	1	1	1	—	—					
JS1-3A	—	—	—	—	1	1					
JS1-4A	1	1	—	—	1						

5．时间继电器的选用方法

时间继电器的选用除满足其工作和安装条件外，其主要技术参数选用方法如下：

（1）根据所需延时时间范围及精度要求选择时间继电器的类型与系列。对延时精度要求不高的使用场所可选用 JS1-□A 系列空气阻尼式时间继电器；对延时精度要求较高场所可选用晶体管式时间继电器。

（2）根据控制电路的要求选择时间继电器的延时方式和瞬时触头数量。

（3）根据控制电路的电压要求选择时间继电器线圈电压。

6．时间继电器的安装与使用方法

JS1-□A 系列时间继电器的工作条件和安装条件可参阅使用说明书，其安装与使用方法如下：

（1）应按说明书规定的方向安装。要求在时间继电器断电后，衔铁的释放运动方向垂直向下，其倾斜度不得超过 5°。

（2）时间继电器的时间整定值应事先在不通电时整定，并在试车时校正。

（3）对通电和断电延时型可在整定时间内自行调换。

（4）其金属底板的接地螺钉应与接地线可靠连接。

（5）应经常清除灰尘及油污，防止延时误差扩大。

7．时间继电器的常见故障及其处理方法

时间继电器的常见故障及其处理方法，如表 4-3 所示。

表 4-3　时间继电器的常见故障及其处理方法

故障现象	可能原因	处理方法
延时触头不动作	（1）电磁线圈断线 （2）电源电压过低 （3）传动机构卡阻或损坏	（1）更换线圈 （2）调整电源电压 （3）排除机械原因
延时时间过短	（1）气室装配不严或漏气 （2）橡皮膜损坏	（1）修理或更换气室 （2）更换橡皮膜
延时时间过长	气室内有灰尘，使气道受阻	清除灰尘

技能训练场 12　识别与检测时间继电器

1．训练目标

（1）能分辨时间继电器，知道其主要技术参数及适用范围。

（2）能判断时间继电器触头类型及好坏。

2．准备工具、仪表及器材

（1）工具、仪表：由学生自定。

（2）器材：空气阻尼式、晶体管式时间继电器若干，其型号规格自定。

3．训练过程

（1）识别器件、识读使用说明书要求同技能训练场 1。

（2）认识时间继电器结构：仔细观察其结构，熟悉其结构及工作原理。

（3）检测时间继电器：分别使空气阻尼式时间继电器在自由释放、吸合位置，用万用表测量各对触头之间的接触情况，并判断其好坏，将结果填入表 4-4 中。

表 4-4　检测时间继电器

自由释放时		吸合时	
瞬时触头电阻值（Ω）	延时触头电阻值（Ω）	瞬时触头电阻值（Ω）	延时触头电阻值（Ω）
常开触头：	常开触头：	常开触头：	常开触头：
常闭触头：	常闭触头：	常闭触头：	常闭触头：
线圈电阻值（Ω）			
检测结果			

（4）时间继电器延时时间的整定：

① 根据指导教师所给的要求，选择时间继电器的型号与规格，并将整定时间整定好。用手动将衔铁吸合，观察时间继电器的整定时间值是否符合要求，同时用万用表监控触头是否正常闭合或断开（通过测量触头电阻值判断）。

② 将空气阻尼式时间继电器由通电延时型改为断电延时型，并重新按要求整定延时时间，判断是否符合要求。

4．注意事项

同技能训练场 1。

5．训练评价

训练评价标准如表 4-5 所示，其余同技能训练场 1。

表 4-5　评价标准

项　目	评价要素	评价标准	配分	扣分
识别器件	（1）正确识别器件名称 （2）正确说明型号的含义 （3）正确画出位置开关的符号	（1）写错或漏写名称　每只扣 5 分 （2）型号含义有错　每只扣 5 分 （3）符号写错　每只扣 5 分	30	
识读说明书	（1）说明器件的主要技术参数 （2）说明安装场所 （3）说明安装尺寸	（1）技术参数说明有误　每项扣 2 分 （2）安装场所说明有误　每项扣 2 分 （3）安装尺寸说明有误　每项扣 2 分	10	
识别器件结构	正确说明器件各部分结构名称	主要部件的作用有误　每项扣 3 分	20	
检测器件	（1）规范选择、检查仪表 （2）规范使用仪表 （3）检测方法及结果正确	（1）仪表选择、检查有误　扣 10 分 （2）仪表使用不规范　扣 10 分 （3）检测方法及结果不正确　扣 10 分 （4）损坏仪表或不会检测　该项不得分	30	
转换延时方式	（1）正确转换延时方式 （2）整定延时时间	（1）不会转换延时方式　扣 5 分 （2）不会整定延时时间　扣 5 分 （3）延时时间整定错误　扣 3 分	10	

任务2　识读定子绕组串接电阻降压启动控制线路

定子绕组串接电阻降压启动是指在三相交流异步电动机启动时，把电阻串接在电动机的定子绕组与电源之间，通过电阻的分压作用来降低定子绕组上的启动电压。当电动机启动后，待其转速达到一定值时，再将电阻短接，使电动机在额定电压下正常运行。

这种降压启动控制线路可采用按钮与接触器控制、时间继电器自动控制等多种形式。

1．识读按钮与接触器控制的定子绕组串接电阻降压启动控制线路

按钮与接触器控制的定子绕组串接电阻降压启动控制线路电路图如图 4-5 所示。

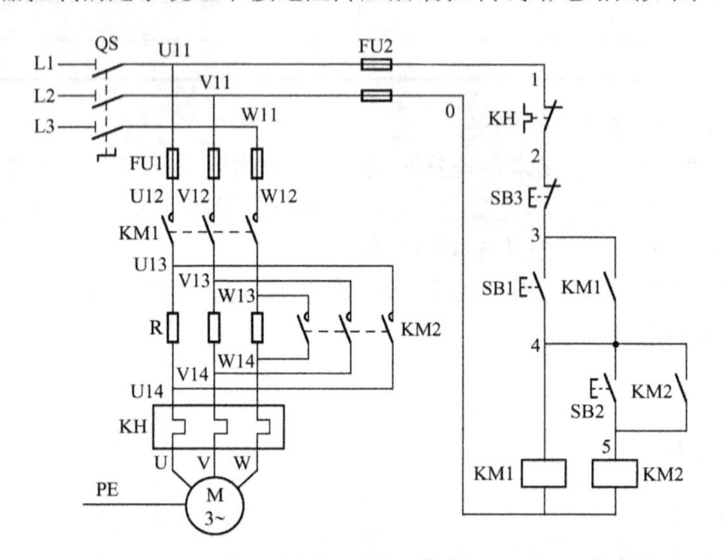

图 4-5　按钮与接触器控制的定子绕组串接电阻降压启动控制线路电路图

线路的工作原理如下，先合上电源开关 QS。

降压启动控制：

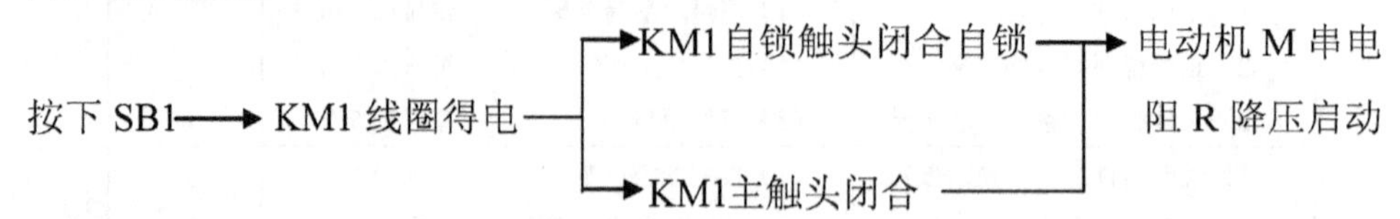

全压运行控制：

当电动机转速上升到一定值时，按下 SB2 → KM1 线圈得电 →

→ KM1 自锁触头闭合自锁 → 电阻 R 被短接，电动机 M 全压运行

→ KM1 主触头闭合

停止时，只需按下 SB3，控制电路失电，电动机 M 失电停转。

2．识读时间继电器自动控制的定子绕组串接电阻降压启动控制线路

时间继电器自动控制的定子绕组串接电阻降压启动控制线路如图 4-6 所示。

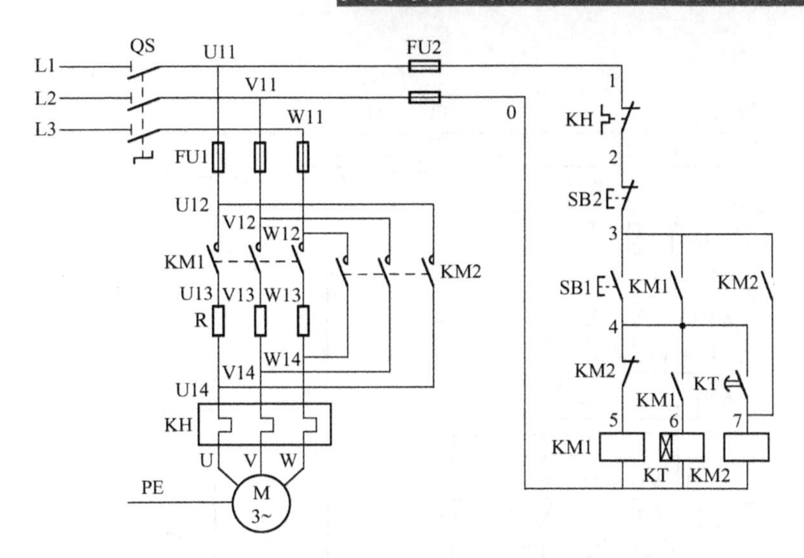

图 4-6　时间继电器自动控制的定子绕组串接电阻降压启动控制线路电路图

控制线路的工作原理如下，合上电源开关 QS。

按下SB1 → KM1线圈通电 → KM1自锁触头闭合自锁
→ KM1主触头闭合 → 电动机M串电阻R降压启动
→ KM1动合触头闭合 →

→ KT线圈通电 —延时→ KT动合触头闭合 → KM2线圈通电

→ KM2 自锁触头闭合自锁
→ KM2 主触头 → 电动机 M全压运行
→ KM2动断辅助触头断开 → KM1线圈断电 → KT线圈断电

停止时，按下 SB2 即可。

任务 3　安装与检修水泵电动机降压启动控制线路

Y-Δ 降压启动是指三相交流异步电动机启动时，先把电动机的定子绕组接成 Y 形，以降低启动电压，限制启动电流。当电动机启动后，再把定子绕组改接成 Δ，使电动机全压运行。由于启动转矩只有全压启动时的 1/3，故这种启动方法只适用于正常工作时定子绕组为 Δ 联结的三相交流异步电动机的空载或轻载启动。

想　一　想

■ Y-Δ 降压启动时，加在电动机定子绕组上的电压为全压启动时的多少倍？其启动电流为全压启动时的多少倍？其启动转矩为全压启动时的多少倍？为什么？

1．识读按钮、接触器控制 Y-Δ 降压启动控制线路

用按钮、接触器控制 Y-Δ 降压启动控制线路电路图，如图 4-7 所示。

该电路使用了 3 只接触器、1 只热继电器和 3 个按钮，其中接触器 KM1 作引入电源用，接触器 KM2、KM3 分别将电动机定子绕组接成 Y 形和 Δ 形，SB1 为启动按钮，SB2 为 Y-Δ 换接按钮，SB3 为停止按钮，FU1 作为主电路短路保护，FU2 作为控制电路的短路保护，KH

作为过载保护。

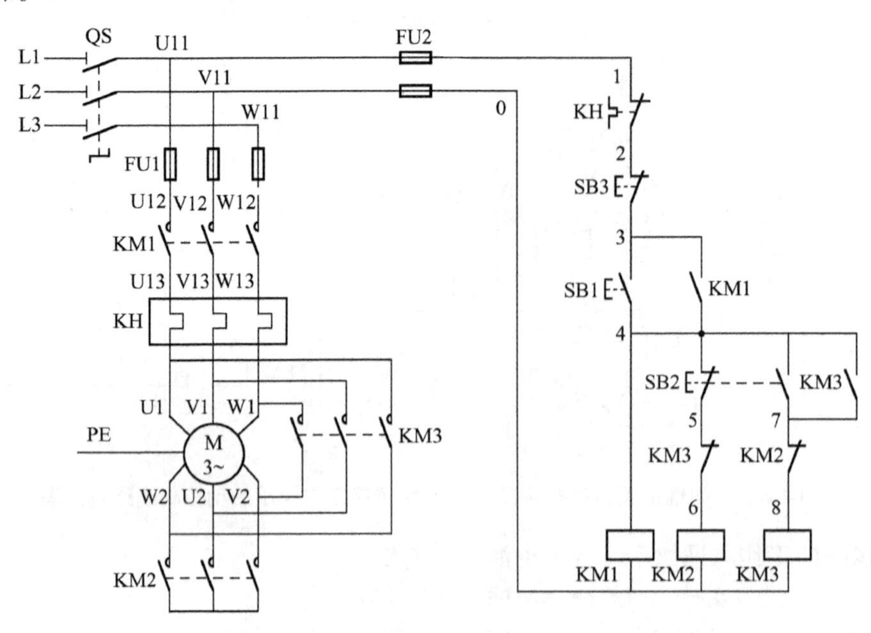

图 4-7　按钮、接触器控制 Y-Δ 降压启动控制线路电路图

线路的工作原理如下，先合上电源开关 QS。

（1）电动机 Y 形接法降压启动控制：

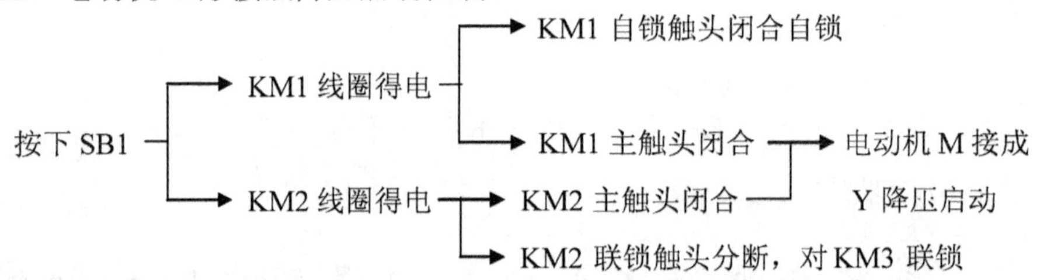

（2）电动机 Δ 形接法全压运行控制：当电动机转速上升并接近额定值时，

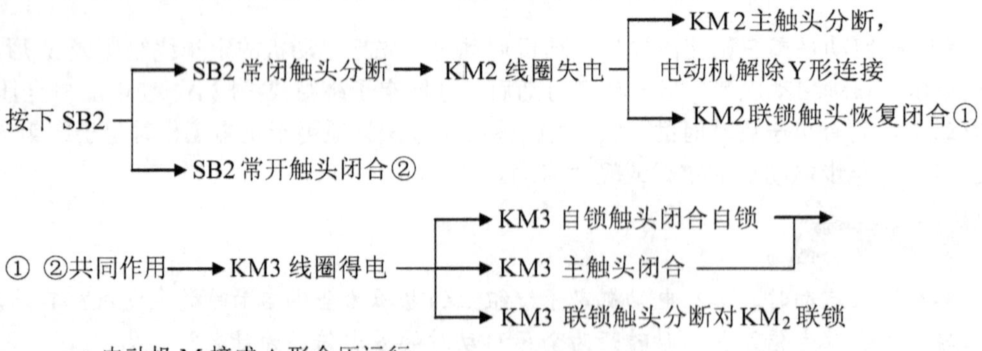

→电动机 M 接成 Δ 形全压运行

停止时，按下 SB3 即可实现。

2．识读时间继电器自动控制 Y-Δ 降压启动控制线路

时间继电器自动控制 Y-Δ 降压启动控制线路电路图，如图 4-8 所示。该电路中时间继电器 KT 起控制电动机 Y 形降压启动时间和完成 Y-Δ 自动切换。

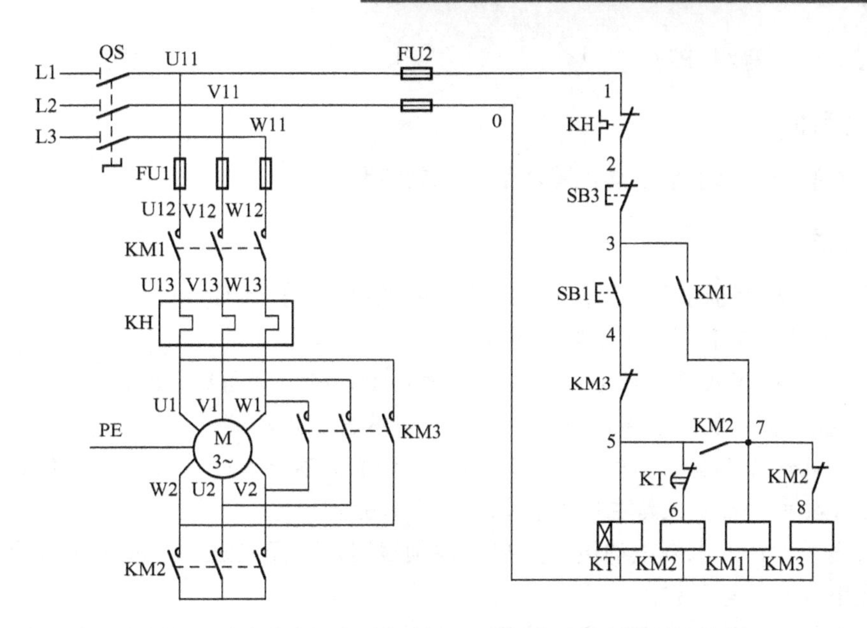

图 4-8　时间继电器自动控制 Y-Δ 降压启动控制线路电路图

线路的工作原理如下，先合上电源开关 QS。

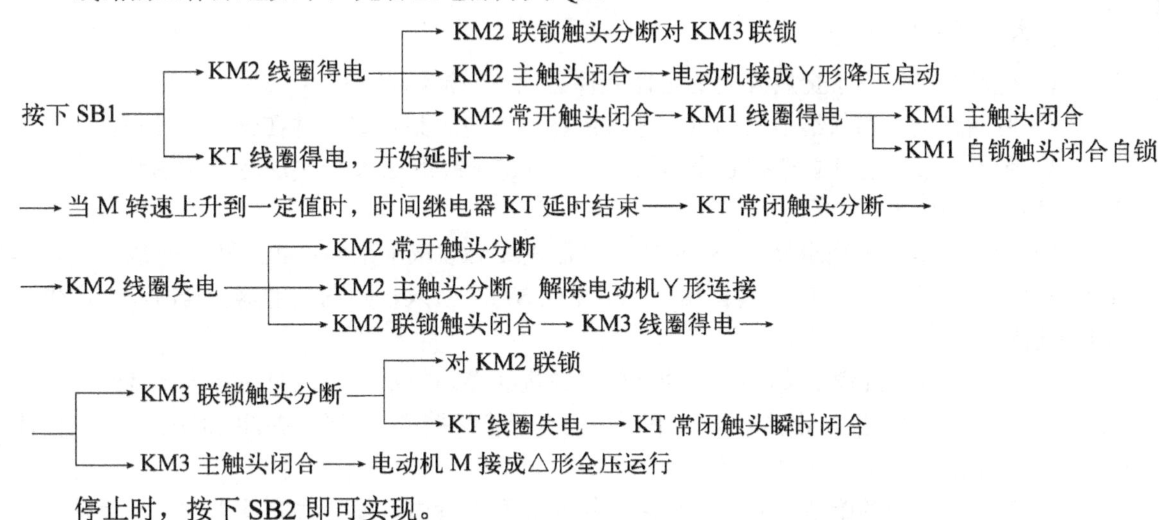

停止时，按下 SB2 即可实现。

技能训练场 13　安装与检修水泵电动机降压启动控制线路

任务描述

小东接到了维修电工车间主任分配给他的工作任务单，要求完成“工厂水泵电动机控制线路”的安装、调试。该电动机要求采用 Y-Δ降压启动控制，其主要技术参数：型号 Y132M-4，额定功率 7.5kW，额定工作电流 15.4A，额定电压 380V，额定频率 50Hz，Δ接法，1 440r/min，绝

缘等级 B 级，防护等级 IP23。

1．训练目标

会正确安装与检修水泵电动机降压启动控制线路。

2．实训过程

（1）设计水泵电动机降压启动控制线路，要求符合下列条件：

1）水泵电动机要求采用 Y-Δ 降压启动。

2）水泵电动机 Y-Δ 降压启动由时间继电器自动控制，降压启动时间为 5s。

3）控制线路有必要的短路、过载、欠压、失压等保护功能。

注：若所设计的水泵电动机控制线路不符合要求，不得进行安装训练。允许向指导教师要求提供符合要求的控制线路电路图，但应适当扣分。

（2）根据所设计的水泵电动机降压启动控制线路，选配安装控制线路所需的安装工具、仪器仪表及电器元件等器材。

（3）根据所设计的水泵电动机降压启动控制线路，画出电气布置图和电气接线图；自编安装步骤和工艺要求，经指导教师审阅合格后进行安装训练。

3．安装注意事项

（1）电动机及所有带金属外壳的电器元件必须可靠接地。

（2）时间继电器和热继电器的整定值，应在不通电时整定好，并在试车时校正。

（3）所用水泵电动机必须有 6 个出线端子，且定子绕组在 Δ 形接法运行时的额定电压应等于三相电源的线电压。

（4）使水泵电动机绕组接成 Y 形的接触器进线必须从水泵电动机三相定子绕组的末端（U2、V2、W2）引入，若误将其首端（U1、V1、W1）引入，则在接触器吸合时，会产生三相电源短路事故。

（5）使水泵电动机绕组接成 Δ 形的接触器的进线必须与水泵电动机三相定子绕组的首端（U1、V1、W1）相连接，连接时必须使电动机定子绕组接成 Δ 形，并注意相序，否则会使电动机 Y 形正向降压启动，而反方向全压启动运行。

（6）控制板外部的配线，必须按要求一律装在配线管内，使导线有适当的机械保护，以防止液体、铁屑和灰尘等的侵入。在训练时，可适当降低要求，但必须以能确保安全为条件，如采用多芯橡皮线或塑料护套软线。

4．检修训练

（1）故障设置：由指导教师在所完成的控制线路板上人为设置电气自然故障 3 处。

（2）故障检修：要求学生自编检修步骤及工艺要求，在确保用电安全的前提下进行故障检修。

（3）注意事项

① 检修前应认真分析控制线路电路图，搞清各个控制环节的工作原理，并熟悉水泵电动机的接线方法。

② 检修过程中不能扩大或产生新的故障点。

③ 检修思路要清晰、检修方法要恰当。

④ 若带电检修，必须在指导教师的监护下进行，确保用电安全。

5. 训练评价

训练评价标准如表 4-6 所示，其余同技能训练场 8。

表 4-6 评价标准

项　目	评价要素	评价标准	配分	扣分
安装工具、仪器仪表、电器元件等器材选用	（1）工具、仪表选择合适 （2）电器元件选择正确 （3）工具、仪表使用规范	（1）工具、仪表少选、错选或不合适　每个扣 2 分 （2）电器元件选错型号和规格　每个扣 2 分 （3）选错电器元件数量或型号规格不齐全　每个扣 2 分 （4）工具、仪表使用不规范　每次扣 2 分	10	
设计控制线路电路图、画电气布置图与接线图	（1）控制线路电路图功能符合要求、绘图规范 （2）电气布置图符合安装要求 （3）电气接线图规范、正确	（1）控制线路电路图设计功能不符合要求　扣 10～20 分 不会设计　扣 20 分 控制线路电路图绘制不规范　扣 3～5 分 （2）电气布置图不符合安装要求　扣 5 分 （3）电气接线图不正确　扣 5 分 电气接线图不规范　扣 3 分	25	
装前检查	（1）检查电器元件外观、附件、备件 （2）检查电器元件技术参数	（1）漏检或错检　每件扣 1 分 （2）技术参数不符合安装要求　每件扣 2 分	5	
安装布线	（1）电器元件固定 （2）布线规范、符合工艺要求 （3）接点符合工艺要求 （4）套装编码套管 （5）接地线安装	（1）电器元件安装不牢固　每只扣 3 分 （2）电器元件安装不整齐、不匀称、不合理　每只扣 3 分 （3）走线槽安装不符合要求　每处扣 3 分 （4）损坏电器元件　扣 15 分 （5）不按控制线路电路图接线　扣 15 分 （6）布线不符合要求　每处扣 1 分 （7）接点松动、露铜过长、反圈等　每处扣 1 分 （8）损伤导线绝缘层或线芯　每根扣 3 分 （9）漏装或套错编码套管　每个扣 1 分 （10）漏接接地线　扣 10 分	20	
通电试车	（1）熔断器熔体配装合理 （2）热继电器整定电流整定合理 （3）时间继电器延时时间整定合适 （4）验电操作符合规范 （5）通电试车操作规范 （6）通电试车成功	（1）配错熔体规格　扣 3 分 （2）热继电器整定电流整定错误　扣 3 分 不会整定　扣 5 分 （3）时间继电器延时时间整定错误　扣 3 分 不会整定　扣 5 分 （4）验电操作不规范　扣 5 分 （5）通电试车操作不规范　扣 5 分 （6）通电试车不成功　每次扣 5 分	20	

续表

项　　目	评价要素	评价标准	配分	扣分
故障分析与排除	（1）了解故障现象 （2）故障原因、范围分析清楚 （3）正确、规范排除故障 （4）通电试车，运行符合要求	（1）故障现象描述不正确　每个扣 3～5 分 （2）故障点判断错误或标错范围　每处扣 5 分 （3）停电不验电　扣 5 分 （4）排除故障顺序不对　扣 3 分 （5）不能查出故障点　每个扣 10 分 （6）查出故障点，但不能排除　每个扣 5 分 （7）产生新故障： 不能排除　每个扣 10 分 已经排除　每个扣 5 分 （8）损坏水泵、电器元件或排除故障方法不正确　每只（次）扣 5～10 分 （9）试车运行不成功　每次扣 5 分	20	

思考与练习

1．什么是时间继电器？常用的时间继电器有哪几种？画出时间继电器的符号。

2．什么是降压启动？常见的降压启动方法有哪几种？

3．分析下图所示三相交流异步电动机星三角形降压启动控制线路的工作原理。

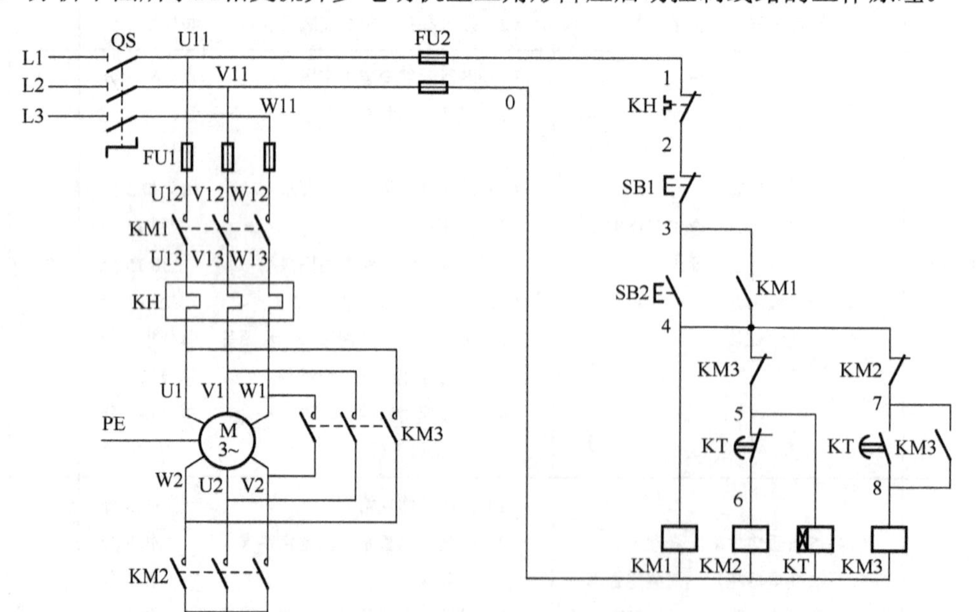

项目 5

安装与检修隧道通风换气扇控制线路

知识目标

熟悉中间继电器和速度继电器的功能、结构与型号，技术参数、选用方法和安装与使用方法。

熟悉中间继电器和速度继电器的工作原理，及其在电气控制设备中的典型应用。

熟悉三相交流异步电动机的制动方法、制动原理及其在电气控制设备中的典型应用。

技能目标

能参照低压电器技术参数和控制要求选用常见中间继电器、速度继电器。

会正确安装和使用中间继电器、速度继电器，能对其常见故障进行处理。

会分析三相交流异步电动机制动控制线路的工作原理。

能根据要求安装与检修隧道通风换气扇控制线路。

能够完成工作记录、技术文件存档与评价反馈。

知识准备

电动机在断开电源后，由于惯性不会立即停止转动，而是需要转动一段时间后才会完全停下来。这种情况对于某些生产机械是不适宜的，如起重机的吊钩需要准确定位、万能铣床主轴电动机、T68 镗床主轴电动机等需要立即停转。为满足这些生产机械的要求，就需要对电动机进行制动。

所谓制动，就是给电动机加一个与转动方向相反的转矩使它迅速停转（或限制其转速）。制动的方法一般有机械制动和电气制动两类。

任务 1　认识中间继电器

1．中间继电器的功能

中间继电器是继电器的一种，它是用来增加控制电路中信号数量或将信号放大的继电器。其输入信号使线圈的通电或断电，输出信号是触头的动作。其触头数量较多，所以当其他电器的触头数或触头容量不够时，可借助中间继电器作中间转换，来控制多个元件或回路。

2．中间继电器的结构、工作原理与符号

中间继电器的结构及工作原理与接触器基本相同，因而中间继电器又称为接触器式继电器。但中间继电器的触头对数多，且没有主、辅触头之分，各对触头允许通过的电流大小相

同，多数为5A。因此，对于工作电流小于5A的电气控制线路，可用中间继电器代替接触器来控制。

图5-1（a）、（b）所示为JZ7系列交流中间继电器的外形和结构，中间继电器在电路图中的符号如图5-1（c）所示。

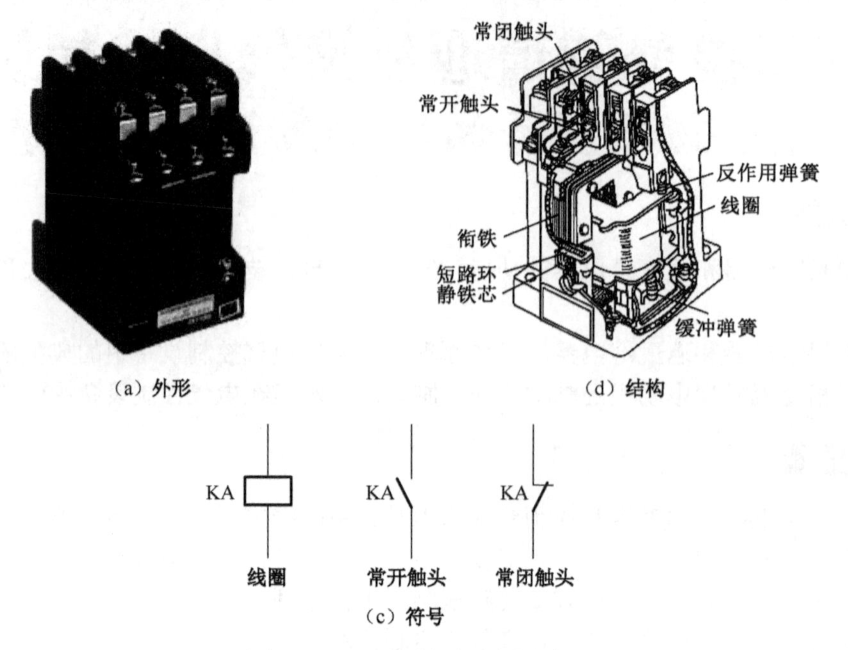

（a）外形　　（d）结构

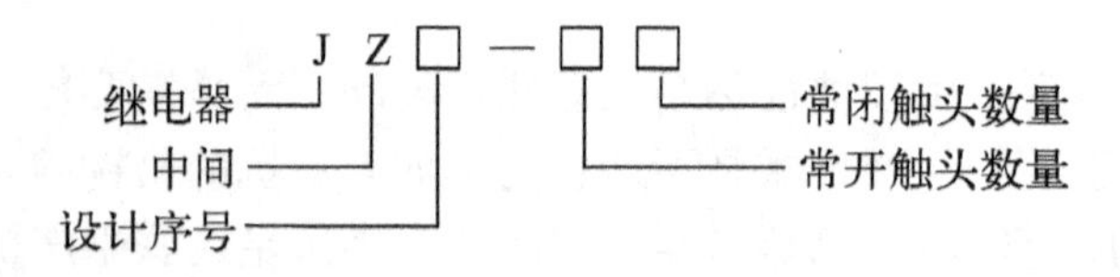

（c）符号

图5-1　JZ7系列交流中间继电器

3. 中间继电器的型号及含义

J Z □ — □ □

继电器 —— J

中间 —— Z

设计序号 —— □

常开触头数量 —— 第一个□

常闭触头数量 —— 第二个□

4. 中间继电器的技术参数

常用中间继电器的主要技术参数，如表5-1所示。

表5-1　中间继电器的主要技术参数

型　号	触头额定电压（V）	触头额定电流（A）	触头组合		线圈电压（V）	额定操作频率（次/h）
			常开	常闭		
JZ7-44	380	5	4	4	12、24、36、110、127、220、380	1200
JZ7-53			5	3		
JZ7-62			6	2		
JZ7-71			7	1		
JZ7-80			8	0		

5. 中间继电器的选用方法

中间继电器可根据被控制电路的电压等级、所需触头的数量、种类、容量等要求来选用。

6．中间继电器的安装与使用、常见故障及其处理方法

中间继电器的安装与使用、常见故障及其处理方法与接触器类似。

任务 2　认识速度继电器

1．速度继电器的功能

速度继电器是反映转速和转向的继电器，其作用是以旋转速度的快慢为指令信号，与接触器配合实现对电动机的反接制动，又称反接制动继电器。常用型号有 JY1 和 JFZO 型。

2．速度继电器的结构、工作原理与符号

JFZO 型速度继电器的外形、结构和电路图中的符号如图 5-2 所示。它主要由定子、转子、可动支架、触头系统及端盖等部分组成。其中触头系统由两组转换触头组成，一组在转子正转时动作，一组在转子反转时动作。

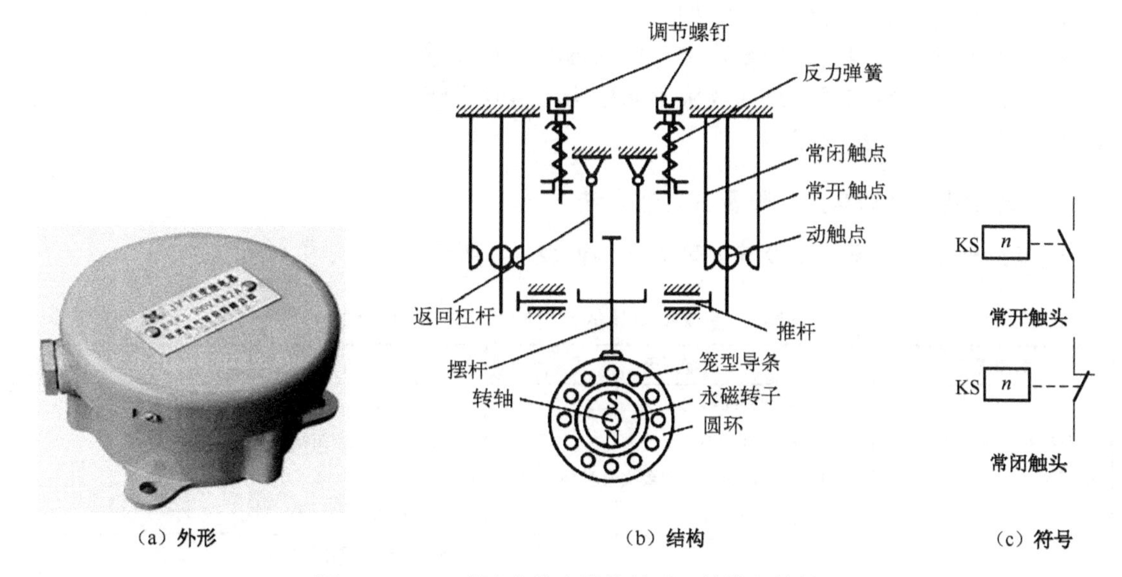

图 5-2　JFZ0 型速度继电器的外形、结构和符号

速度继电器与电动机转轴同轴安装。当电动机旋转时，带动与电动机同轴的速度继电器的转子旋转，当转速大于 120r/min 时，继电器触头动作；当速度小于 100r/min 时，触头复位。

速度继电器额定工作转速有 300～1 000r/min（JFZ0-1 型）和 1 000～3 000r/min（JFZ0-2 型）两种。它有两组触头（各有一对常闭触头和一对常开触头），可分别控制电动机正、反转的反接制动。

3．速度继电器的型号及含义

JFZO 型速度继电器的型号及含义如下：

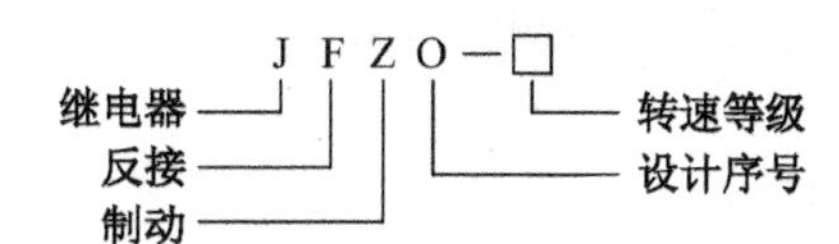

4．速度继电器的主要技术参数

速度继电器的主要技术参数，如表 5-2 所示。

表 5-2　速度继电器的主要技术参数

型　号	触头额定电压（V）	触头额定电流（A）	触头对数		额定工作转速（r/min）	允许操作频率（次/h）
			正转动作	反转动作		
JY1	380	2	1 组转换触头	1 组转换触头	100～3 000	<30
JFZ0-1			1 常开、1 常闭	1 常开、1 常闭	300～1 000	
JFZ0-2			1 常开、1 常闭	1 常开、1 常闭	1 000～3 000	

5．速度继电器的选用方法

根据所需控制的转速大小、触头数量和电压、电流来选用。

6．速度继电器的安装与使用方法

速度继电器的安装与使用方法如下：

（1）其转轴应与电动机同轴连接，使两轴的中心线重合。

（2）接线时，应注意正反向触头不能接错，否则不能实现反接制动。

（3）其金属外壳必须接地。

7．速度继电器的常见故障及其处理方法

速度继电器的常见故障及其处理方法，如表 5-3 所示。

表 5-3　速度继电器的常见故障及其处理方法

故障现象	可能原因	处理方法
反接制动时失效，电动机不制动	（1）胶木杆断裂 （2）触头接触不良 （3）弹性动触片断裂或失去弹性 （4）笼形绕组开路	（1）更换 （2）查明原因后排除或更换触头 （3）更换 （4）更换
电动机不能正常制动	速度继电器弹性动触片调整不当	需要重新调整螺钉 （1）将调整螺钉向下旋转，弹性动触片弹性增大，速度较高时继电器才动作 （2）将调整螺钉向上旋转，弹性动触片弹性减小，速度较低时继电器才动作

技能训练场 14　识别与检测中间继电器与速度继电器

1．训练目标

（1）能分辨中间继电器、速度继电器，了解主要技术参数和适用范围。

（2）能判断中间继电器、速度继电器的好坏。

2．工具、仪表及器材

（1）工具、仪表由学生自定。

（2）器材：中间继电器、速度继电器若干只。

3．训练内容

（1）识别中间继电器、速度继电器，识读使用说明书要求同技能训练场 1。

（2）用万用检测中间继电器各对触头电阻值、线圈的直流电阻值，并判断其好坏。

（3）打开速度继电器外壳，测量、判断速度继电器各触头，辨别正、反转时触头的动作情况。

4．训练评价

可参考技能训练场 1。

任务 3　安装与检修隧道通风换气扇控制线路

一、识读机械制动控制线路

机械制动是利用机械装置，使电动机在切断电源后快速停转的方法。常用的机械制动方法有电磁抱闸制动器制动和电磁离合器制动两种。常用的电磁抱闸制动器分为断电制动型和通电制动型两种。

1．识读断电型电磁抱闸制动控制线路

电磁抱闸制动器主要由制动电磁铁和闸瓦制动器组成。制动电磁铁由铁芯、衔铁和线圈组成，闸瓦制动器由闸轮、闸瓦、杠杆和弹簧等部分组成，闸轮与电动机装在同一根轴上。电磁抱闸制动器结构如图 5-3 所示。断电型电磁抱闸制动控制线路，如图 5-4 所示。

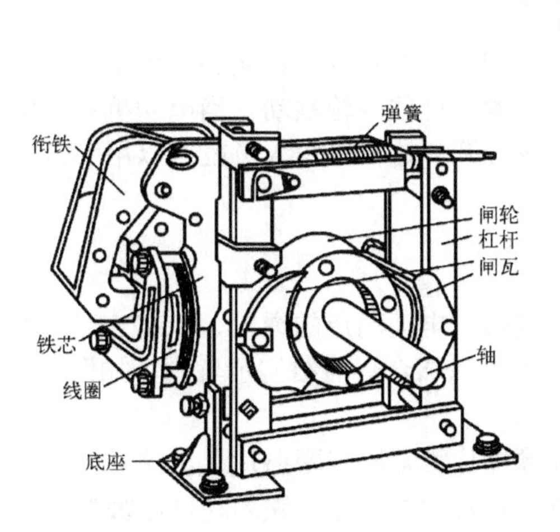

图 5-3　电磁抱闸制动器

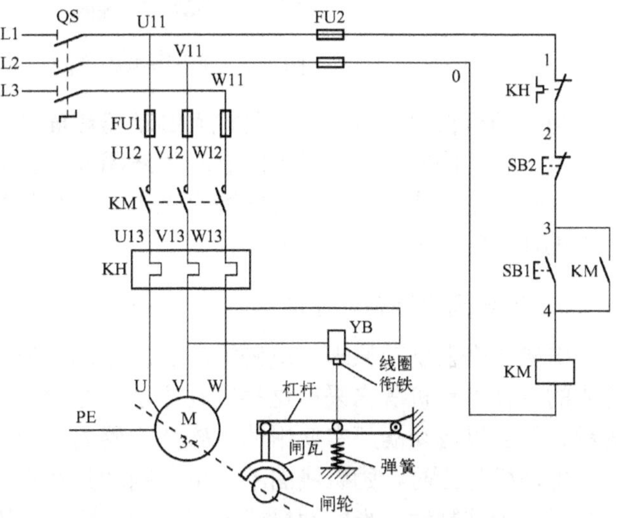

图 5-4　断电型电磁抱闸制动控制线路电路图

线路的工作原理如下，合上电源开关 QS。

按启动按钮 SB1，接触器 KM 线圈得电动作，KM 主触头和自锁触头闭合，电动机 M 和电磁抱闸制动器 YB 线圈同时得电。电磁抱闸制动器的衔铁与铁芯吸合，衔铁克服弹簧的拉力，迫使制动杠杆向上移动，闸瓦松开闸轮；电动机通电启动到正常运转；当按下停止按钮

SB2 时，KM 线圈失电，电动机的电源被切断，同时电磁抱闸制动器的线圈也断电，衔铁释放，在弹簧拉力的作用下，使闸瓦紧紧抱住闸轮，电动机迅速被制动停转。

这种制动方式在电源切断时才起制动作用，在起重机械上广泛采用。其优点是能够准确定位，同时可防止电动机突然断电时重物自行坠落。但由于抱闸制动器线圈耗电时间与电动机运行时间一样长，所以不够经济。另外，由于抱闸制动器在切断电源后的制动作用，使手动调整工作很困难。因此，对电动机制动后需要手动调整工件位置的机床设备不能采用此法，而是采用下面的通电型电磁抱闸制动。

2. 识读通电型电磁抱闸制动控制线路

通电型电磁抱闸制动控制线路电路图如图 5-5 所示。

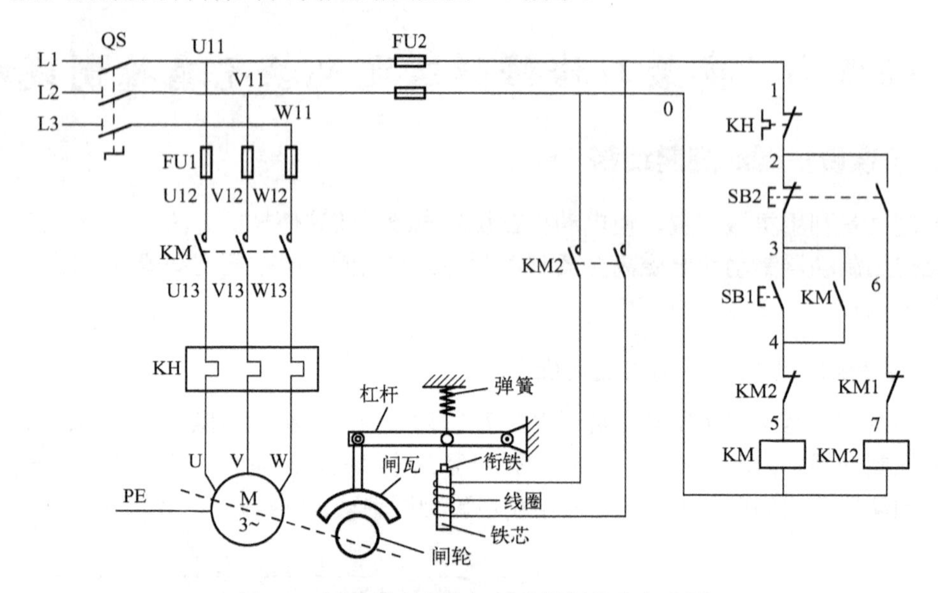

图 5-5 通电型电磁抱闸制动控制线路电路图

当电动机得电运转时，电磁抱闸制动器线圈断电，闸瓦与闸轮分开，无制动作用；当电动机失电需要停转时，电磁抱闸制动器线圈通电，闸瓦紧紧抱住闸轮制动。当电动机处于停转状态时，电磁抱闸制动器的线圈也无电，闸瓦与闸轮分开，这样操作人员就可以用手扳动主轴进行调整工件、对刀等操作。

3. 电磁离合器制动原理

电磁离合器制动原理与电磁抱闸制动器制动原理类似，电动葫芦的绳轮、X62W 型万能铣床的主轴电动机等常采用这种制动方法。断电制动型电磁离合器的结构示意图，如图 5-6 所示。下面以电动葫芦中使用的电磁离合器为例介绍。

电动机静止时，励磁线圈不通电，制动弹簧将静摩擦片紧紧压在摩擦片上，此时电动机通过绳轮轴被制动。当电动机通电运转时，励磁线圈也同时通电，电磁铁的动铁芯被静铁芯吸合，使静摩擦片与动摩擦片分开，动摩擦片连同绳轮轴在电动机的带动下正常启动运转。当电动机切断电源时，励磁线圈也同时断电，制动弹簧产即将静摩擦片连同铁芯推向转动着的动摩擦片，强大的弹簧张力迫使动、静摩擦片之间产生足够大的摩擦力，使电动机断电后立即受制动停转。其控制线路与图 5-6 基本相同。

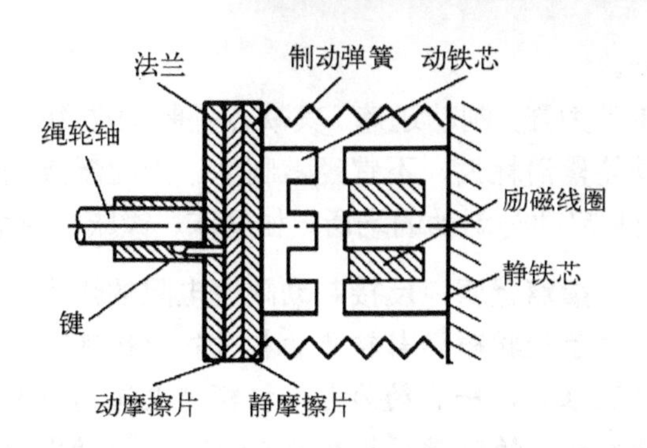

图 5-6　断电制动型电磁离合器的结构示意图

二、识读电力制动控制线路

电力制动是在电动机需要停转时，产生一个和电动机旋转方向相反的电磁转矩（制动转矩），使电动机迅速制动停转。常用的方法有反接制动、能耗制动、电容制动、回馈制动。

1．识读反接制动控制线路

依靠改变电动机定子绕组的电源相序而产生制动转矩，迫使电动机迅速停转的方法称为反接制动。单向启动反接制动控制线路电路图，如图 5-7 所示。

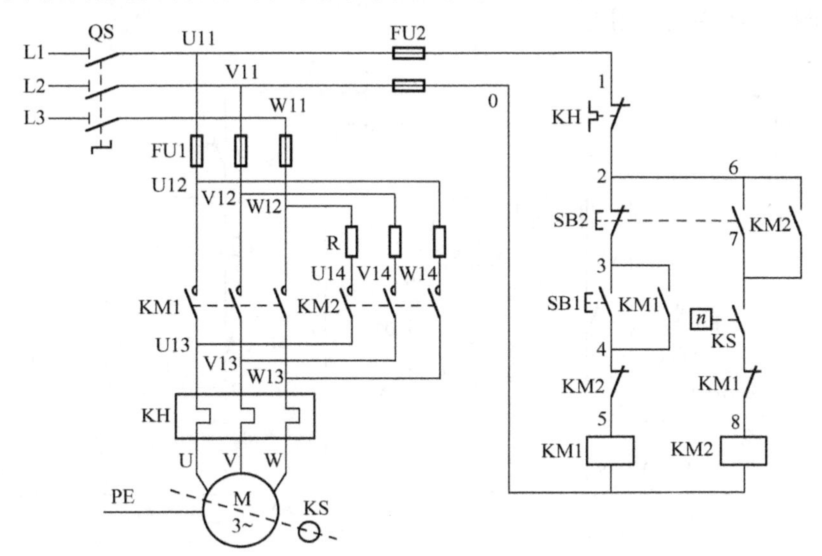

图 5-7　单向启动反接制动控制线路电路图

电动机单向启动时，合上电源开关 QS，按下启动按钮 SB1，接触器 KM1 线圈得电，其主触头和自锁触头闭合，电动机 M 启动运行。当电动机 M 的转速升高到一定数值时，速度继电器 KS 的常开触头自动闭合，为反接制动作准备。

需要停转时，按下停止按钮 SB2，SB2 的常闭触头先断开，接触器 KM1 线圈断电释放，其主触头断开，电动机 M 失电惯性运转；同时 SB2 的常开触头闭合，接触器 KM2 线圈得电，其主触头闭合，串接限流电阻器 R 进行反接制动，电动机 M 产生一个与旋转方向相反的电磁转矩，即制动转矩，迫使电动机转速迅速下降；当电动机 M 转速降到 100r/min 以下时，速度继电器 KS 的常开触头断开，接触器 KM2 线圈失电，电动机 M 断电后停止运转。同时也防止了电动机反向启动。

反接制动的优点是制动力强，制动迅速。其缺点是制动准确性差，制动过程中冲击强烈，易损坏传动零部件，制动能量消耗大，不宜经常制动。因此反接制动一般适用于制动要求迅速、系统惯性较大、不经常启动与制动的场所，如铣床、镗床、中型车床等主轴的制动控制。

指点迷津：反接制动限流电阻的作用

电动机反接制动时，由于旋转磁场与转子的相对转速很高，所以转子绕组中感应电流很大，致使定子绕组中的电流很大，一般约为电动机额定电流的 10 倍左右。因此，反接制动适用于 10kW 以下小容量电动机的制动，并且对 4.5kW 以上的电动机进行反接制动时，需在定子绕组回路中串入限流电阻 R，以限制反接制动电流。

2. 识读能耗制动控制线路

能耗制动是在电动机切断交流电源后，通过立即在定子绕组的任意两相中通入直流电，以消耗转子惯性运转的动能来进行制动，所以又称为动能制动。

对于容量为 10kW 以上的电动机，多采用有变压器单相桥式整流能耗制动自动控制线路，其电路图如图 5-8 所示。其中，直流电源由单相桥式整流器 VC 供给，TC 是整流变压器，电阻 R_P 用来调节直流电流，从而调节制动强度，整流变压器一次侧与整流器的直流侧同时进行切换，有利于提高触头的使用寿命。

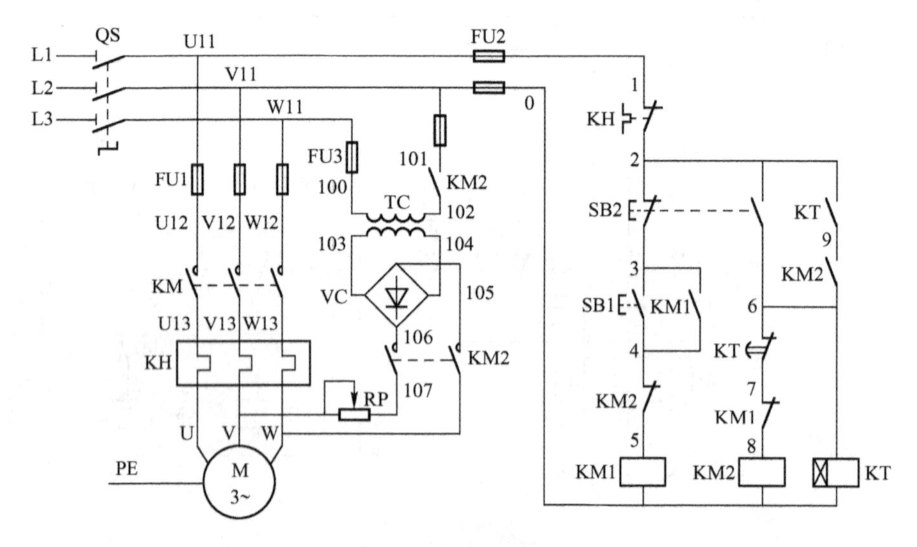

图 5-8　有变压器单相桥式整流单向启动能耗制动自动控制线路电路图

能耗制动的优点是制动准确、平稳，且能量消耗较小。其缺点是需要附加直流电源装置，设备费用较高，制动能力较弱，在低速时制动力矩小。因此能耗制动一般用于要求制动准确、平稳的场所，如磨床、立式铣床等的控制线路中。

3. 识读电容制动控制线路

当电动机切断交流电源后，通过立即在电动机定子绕组的出线端接入电容器迫使电动机迅速停转的方法叫电容制动。

电容制动的原理是：当旋转着的电动机断开交流电源时，转子内仍有剩磁。随着转子的惯性转动，形成一个随着转子转动的旋转磁场。该磁场切割定子绕组产生感应电动势，并通过电容器回路形成感应电流，这个电流产生的磁场与转子绕组中的感应电流相互作用，产生一个与旋转方向相反的制动力矩，使电动机受制动迅速停转。

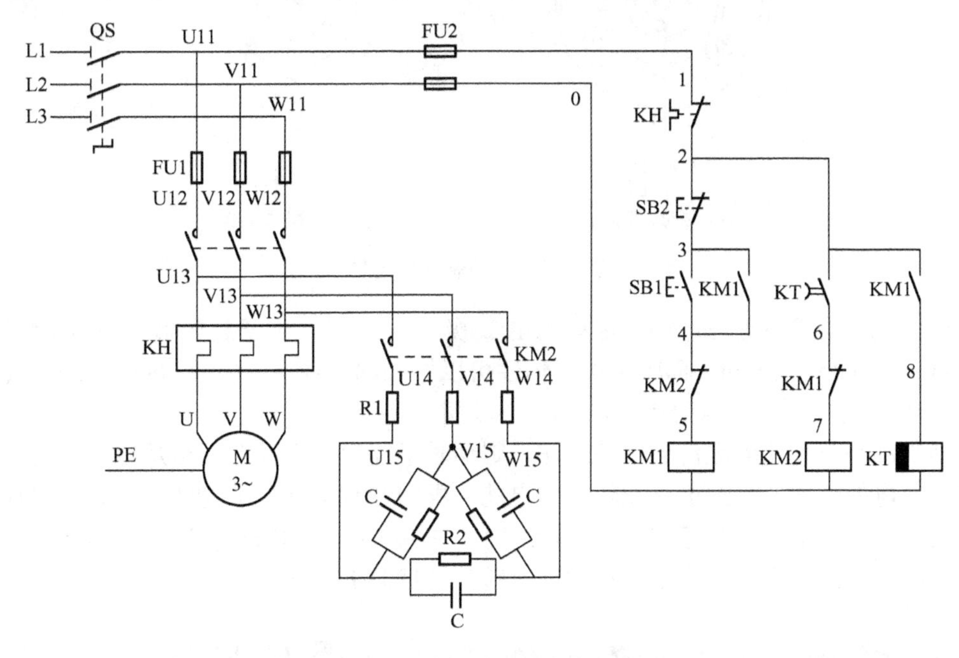

图 5-9　电容制动控制线路电路图

电容制动控制线路电路图如图 5-9 所示。电阻 R1 是调节电阻，用以调节制动力矩的大小，电阻 R2 为放电电阻。经验证明，对于 380V、50Hz 的三相笼型异步电动机，每千瓦每相约需要 150μF 左右，电容器的耐压应不小于电动机的额定电压。

实践证明，对于 5.5kW、Δ形接法的三相笼型异步电动机，无制动停车时间为 22s，采用电容制动后其停车时间仅需要 1s；对于 5.5kW、Y 形接法的三相笼型异步电动机，无制动停车时间为 36s，采用电容制动后其停车时间仅需要 2s。所以电容制动是一种制动迅速、能量损耗小、设备简单的制动方法，一般用于 10kW 以下的小容量电动机，特别适用于存在机械摩擦和阻尼的生产机械和需要多台电动机同时制动的场所。

4．认识回馈制动工作原理

回馈制动又称为再生发电制动，主要用在起重机械和多速异步电动机上。下面以起重机械为例说明其工作原理。

当起重机在高处开始下放重物时，电动机转速 n 小于同步转速 n_1，这时电动机处于电动运行状态，其转子电流和电磁转矩的方向如图 5-10（a）所示。但由于重力的作用，在重物的下放过程中，会使电动机的转速大于同步转速 n_1，这时电动机处于发电制动状态，转子相对于旋转磁场切割磁力线的运动方向发生了改变，其转子电流和电磁转矩的方向都与电动机运行时相反，如图 5-10（b）所示。可见电磁力矩变为制动力矩限制了重物的下降速度，保证了设备和人身的安全。

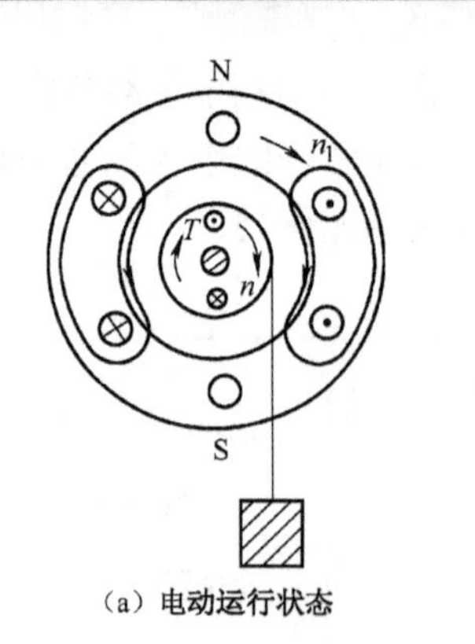

（a）电动运行状态

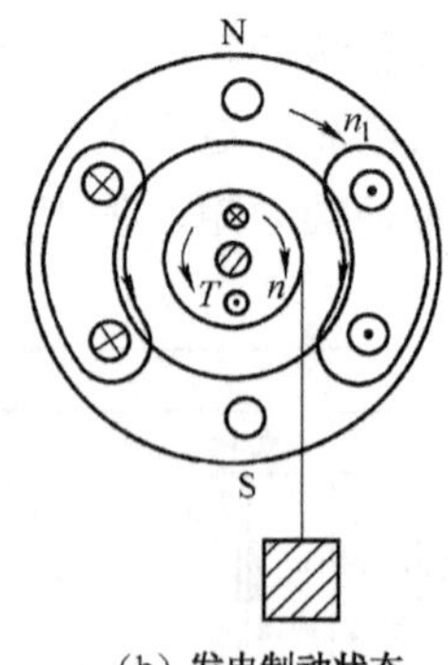

（b）发电制动状态

图 5-10　回馈制动原理图

对于多速电动机变速时，如果电动机由 2 极变为 4 极，定子旋转磁场的同步转速 n_1 由 3000 r/min 变为 1500 r/min，而转子由于惯性仍以原来的转速 n（接近 3000 r/min）旋转，此时 $n>n_1$，电动机处于发电制动状态。

回馈制动是一种比较经济的制动方法，制动时不需要改变线路即可从电动机运行状态自动地转入发电制动状态，把机械能转换为电能，再回馈到电网，节能效果显著。但存在着应用范围较窄，仅当电动机转速大于同步转速时才能实现制动的缺点，所以常用于在位能负载作用下的起重机械和多速异步电动机由高速转为低速时的情况。

技能训练场 15　安装与检修隧道通风换气扇控制线路

任务描述

小张接到了维修电工车间主任分配给他的工作任务单，要求安装“设计、安装隧道通风换气扇控制线路”。该换气风扇电动机的主要技术参数：型号 Y132M-4，额定功率 4kW，额定工作电流 8.8A，额定电压 380V，额定频率 50Hz，Δ接法，1 440r/min，绝缘等级 B 级，防护等级 IP23。

1. 训练目标

（1）能设计隧道通风换气扇控制线路。

（2）会安装与检修隧道通风换气扇控制线路。

2. 实训过程

（1）设计隧道通风换气扇控制线路，要求符合下列条件：

① 风扇电动机能够正反转运行，使隧道能够换气通风。

② 风扇电动机换向时，先按停止按钮，利用反接制动使风扇迅速转停后，才能换向启动，同时由速度继电器控制制动时间。

③ 有必要的短路、过载、欠压、失压等保护功能。

注：若所设计的隧道通风换气扇控制线路不符合要求，不得进行安装训练。允许向指导教师要求提供符合要求的控制线路电路图，但应适当扣分。

指点迷津：隧道通风换气扇控制线路的设计

（1）换气扇要求能够正反转，可见其主电路与正反转控制线路主电路相同；

（2）换气扇控制电路与正反转控制线路相似，必须具有接触器联锁功能；

（3）由于反接制动由速度继电器控制，而换气扇要求能够正反转，所以速度继电器必须选择有正转、反转时能够闭合的触头；

（4）当按下停止按钮时，通过速度继电器的触头，使相反方向旋转的接触器线圈得电，实施反接制动，并由速度继电器来控制反接制动。

（5）控制线路中必须安装热继电器作为过载保护，熔断器作为短路保护，而失压和欠压保护由于使用了接触器，就具有了失压和欠压保护功能。

符合设计要求的控制线路电路图，如图 5-11 所示。

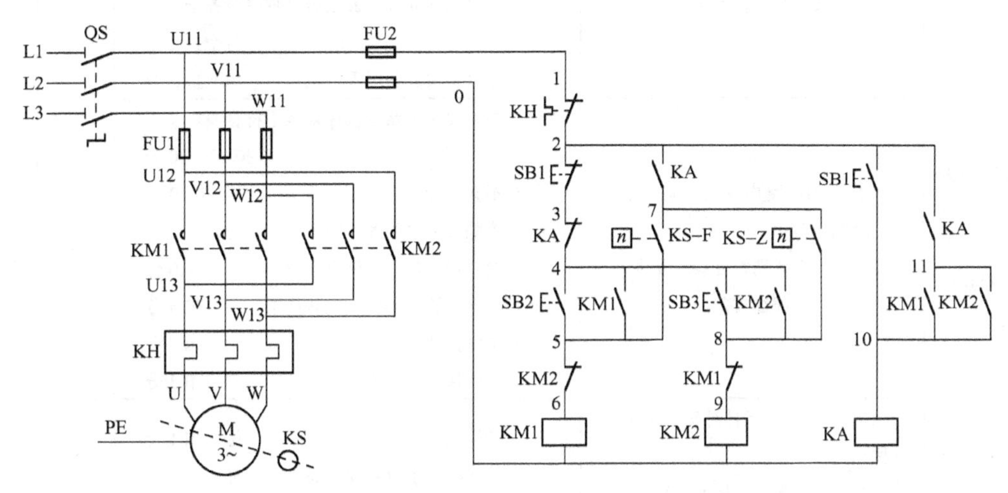

图 5-11　隧道通风换气扇控制线路电路图

（2）根据所设计的隧道通风换气扇控制线路，选配安装控制线路所需的安装工具、仪器仪表及器材。

（3）根据所设计的隧道通风换气扇控制线路，画出电气布置图和电气接线图；自编安装步骤和工艺要求，经指导教师审阅合格后进行安装训练。

安装注意事项如下：

① 电动机及所有带金属外壳的电器元件必须可靠接地。

② 热继电器的整定值，应在不通电时整定好，并在试车时校正。

③ 安装速度继电器前，要弄清其结构，辨明风扇电动机在正、反转时的常开触头接线。

④ 速度继电器可以预先装好，不计入定额时间。安装时，采用速度继电器的连接头与换气扇电动机转轴直接连接的方法，并使两轴中心线重合。

⑤ 通电试车时，若制动不正常，可检查速度继电器是否符合规定要求。若需调节速度继电器的调整螺钉，必须切断电源，防止出现相对地短路事故。

⑥ 速度继电器的动作值和返回值的调整，应先观察指导教师的示范操作后再进行。

（4）检修训练

① 故障设置：由指导教师在所完成的控制线路板上人为设置电气自然故障 3 处。

② 故障检修：要求学生自编检修步骤及工艺要求，在确保用电安全的前提下进行故障检修。

③ 注意事项要参考其他检修训练。

3. 训练评价

训练评价标准如表 5-4 所示。

表 5-4 评价标准

项目	评价要素	评价标准	配分	扣分
工具、仪表、器材选用	（1）工具、仪表选择合适 （2）电器元件选择正确 （3）工具、仪表使用规范	（1）工具、仪表少选、错选或不合适 每个扣 2 分 （2）电器元件选错型号和规格 每个扣 2 分 （3）选错电器元件数量或型号规格不齐全 每个扣 2 分 （4）工具、仪表使用不规范 每次扣 2 分	10	
设计控制线路电路图、画电气布置图与接线图	（1）控制线路电路图功能符合要求、画图规范 （2）电气布置图符合安装要求 （3）电气接线图规范、正确	（1）控制线路电路图设计功能不符合要求 扣 10～20 分 （2）不会设计 扣 20 分 （3）控制线路电路图不规范 扣 3～5 分 （4）要求指导教师提供设计图 扣 10 分 （5）电气布置图不符合安装要求 扣 5 分 （6）电气接线图不正确 扣 5 分 电气接线图不规范 扣 3 分	25	
装前检查	（1）检查电器元件外观、附件、备件 （2）检查电器元件技术参数	（1）漏检或错检 每件扣 1 分 （2）技术参数不符合安装要求 每件扣 2 分	5	
安装布线	（1）电器元件固定 （2）布线规范、符合工艺要求 （3）接点符合工艺要求 （4）套装编码套管 （5）接地线安装	（1）电器元件安装不牢固 每只扣 3 分 （2）电器元件安装不整齐、不匀称、不合理 每只扣 3 分 （3）走线槽安装不符合要求 每处扣 3 分 （4）损坏电器元件 扣 15 分 （5）不按控制线路电路图接线 扣 15 分 （6）布线不符合要求 每处扣 1 分 （7）接点松动、露铜过长、反圈等 每处扣 1 分 （8）损伤导线绝缘层或线芯 每根扣 3 分 （9）漏装或套错编码套管 每个扣 1 分 （10）漏接接地线 扣 10 分	20	
通电试车	（1）熔断器熔体配装合理 （2）热继电器整定电流整定合理 （3）验电操作符合规范 （4）通电试车操作规范 （5）通电试车成功	（1）配错熔体规格 扣 3 分 （2）热继电器整定电流整定错误 扣 3 分 （3）不会整定 扣 5 分 （4）验电操作不规范 扣 5 分 （5）通电试车操作不规范 扣 5 分 （6）通电试车不成功 每次扣 5 分	20	

续表

项　目	评价要素	评价标准	配分	扣分
故障分析与排除	（1）了解故障现象 （2）故障原因、范围分析清楚 （3）正确、规范排除故障 （4）通电试车，运行符合要求	（1）故障现象描述不正确　每个扣 3～5 分 （2）故障点判断错误或标错范围　每处扣 5 分 （3）停电不验电　扣 5 分 （4）排除故障顺序不对　扣 3 分 （5）不能查出故障点　每个扣 10 分 （6）查出故障点，但不能排除　每个扣 5 分 （7）产生新故障： 不能排除　每个扣 10 分 已经排除　每个扣 5 分 （8）损坏风扇电动机、电器元件或排除故障方法不正确　每只（次）扣 5～10 分 （9）试车运行不成功　每次扣 5 分	20	
技术资料归档	（1）检修记录单填写 （2）技术资料完整并归档	（1）检修记录单不填写或填写不完整　酌情扣 3～5 分 （2）技术资料不完整或不归档　酌情扣 3～5 分		
安全文明生产	要求材料无浪费，现场整洁干净，废品清理分类符合要求；遵守安全操作规程，不发生任何安全事故。违反安全文明生产要求，酌情扣 5～40 分，情节严重者，可判本次技能操作训练为零分，甚至取消本次实训资格			
定额时间	240 分钟，每超时 5 分钟（不足 5 分钟以 5 分钟计）　扣 5 分			
备注	除定额时间外，各项目的最高扣分不应超过配分数			
开始时间	结束时间	实际时间	成绩	
学生自评： 学生签名：　　年　月　日				
教师评语： 教师签名：　　年　月　日				

思考与练习

1．中间继电器与交流接触器有何异同？什么情况下可以用中间继电器代替接触器使用？

2．什么是速度继电器？其主要作用是什么？画出速度继电器的符号。

3．什么是制动？制动方法有哪两类？

4．什么是机械制动？常用的机械制动有哪两种？

5．电磁抱闸制动器分为哪两种类型？分析它们的制动原理。

6．什么是电力制动？常用的电力制动方法有哪几种？分析各种电力制动方法的优点、缺点及适用场所。

7．试设计一个有变压器桥式整流双向启动能耗制动自动控制的控制线路电路图。

项目 6

安装与检修多速输送机控制线路

知识目标

知道多速异步电动机的变速原理及其在电气控制设备中的典型应用。

熟悉双速、三速异步电动机控制线路工作原理。

技能目标

会分析双速、三速异步电动机控制线路工作原理。

能根据要求安装与检修多速输送机控制线路。

能够完成工作记录、技术文件存档与评价反馈。

知识准备

根据三相交流异步电动机的转速公式可知，$n=(1-s)\dfrac{60f_1}{p}$ 改变电动机转速可通过改变电源频率 f、改变转差率 s、改变磁极对数 p 来实现。

通过改变电动机的磁极对数来调节电动机转速的方法称为变极调速。变极调速需要改变电动机定子绕组的连接方式来实现，它是一种有级调速方法，且只适用于三相笼型异步电动机。常用的多速电动机有双速、三速、四速等几种。

任务 1　识读双速异步电动机控制线路

1. 双速异步电动机定子绕组的连接

双速异步电动机定子绕组的 Δ/YY 接线方式如图 6-1 所示。图中三相定子绕组接成 Δ 形，由三个连接点引出三个出线端 U1、V1、W1，从每相绕组的中点各引出一个出线端 U2、V2、W2，这样定子绕组共有六个出线端子。通过改变这六个出线端子与电源的连接方式，可以得到两种不同的转速。

要使电动机低速运行，只需将三相电源接到定子绕组 Δ 形连接顶点的出线端 U1、V1、W1 上，其他三个出线端 U2、V2、W2 空着，此时电动机磁极为 4 极，同步转速为 1 500r/min。

要使电动机高速运行，只需将电动机定子绕组三个出线端 U1、V1、W1 并接在一起，三相电源接到定子绕组 U2、V2、W2 出线端上，此时电动机定子绕组成为 YY 形连接，磁极数为 2 极，同步转速为 3 000r/min。所以，双速异步电动机高转速是低转速的两倍。

值得注意的是，双速异步电动机定子绕组从一种接法改变为另一种接法时，必须把电源相序反接，以保证电动机的旋转方向不变。

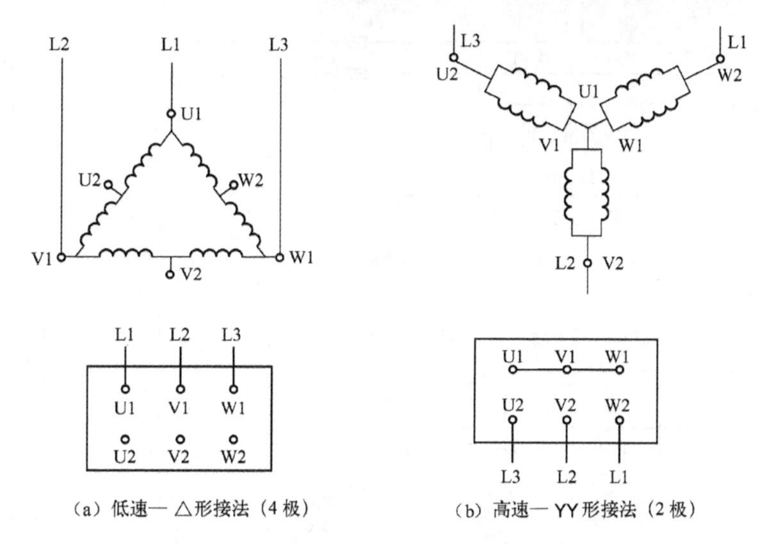

（a）低速— △形接法（4 极）　（b）高速— YY 形接法（2 极）

图 6-1　双速异步电动机三相定子绕组Δ/YY 接线图

2．识读按钮、接触器控制的双速异步电动机控制线路

按钮、接触器控制的双速异步电动机控制线路电路图，如图 6-2 所示。

线路的工作原理如下，先合上电源开关 QS。

Δ 形低速启动运转控制：

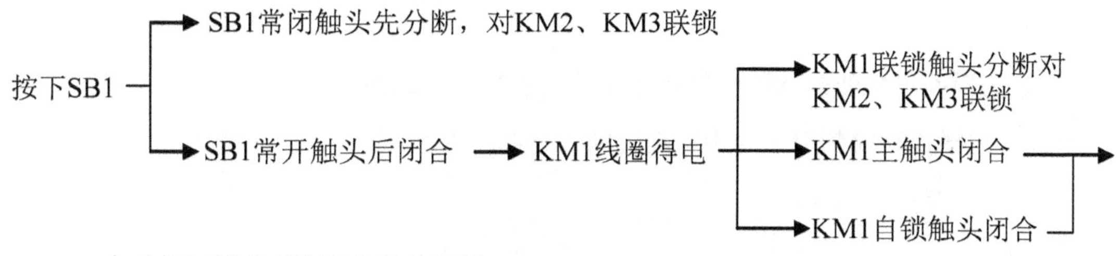

→ 电动机M接成Δ形低速启动运转

YY形高速启动运转控制：

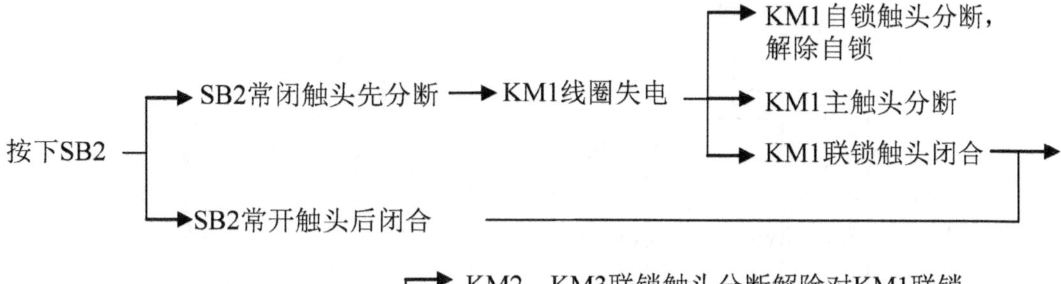

→ KM2、KM3线圈同时得电 → KM2、KM3联锁触头分断解除对KM1联锁；KM2、KM3自锁触头闭合自锁；KM2、KM3主触头闭合

→ 电动机M接成YY形高速运转

停转时，只需按下 SB3 即可。

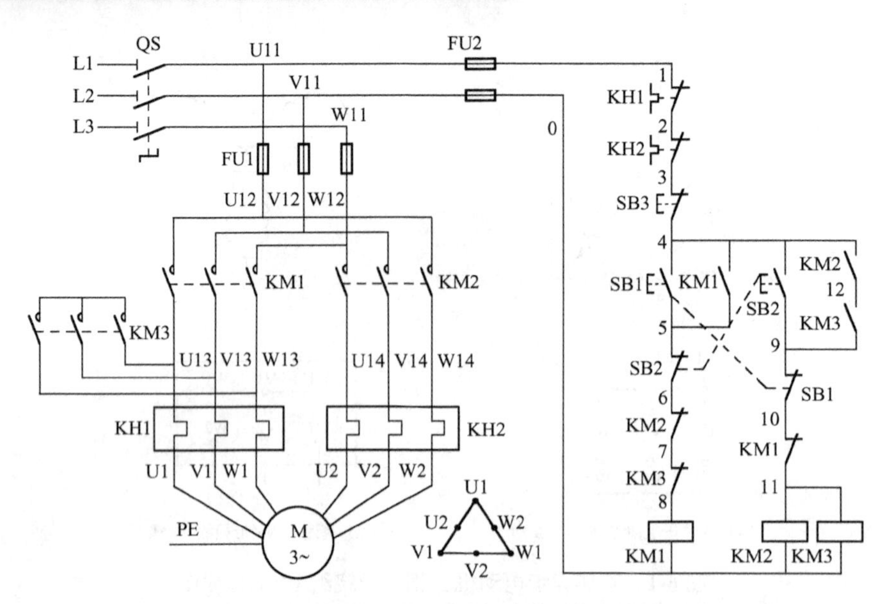

图 6-2 按钮、接触器控制的双速异步电动机控制线路电路图

想 一 想

■ 双速异步电动机定子绕组从一种接法换到另一种接法时，为什么要把电源相序反接？

■ 控制线路中，KM2、KM3 常开辅助触头为什么要串联后并接到 SB2 常开触头两端作为自锁触头？

3．识读时间继电器自动控制的双速异步电动机控制线路

时间继电器自动控制双速异步电动机的控制线路电路图，如图 6-3 所示。

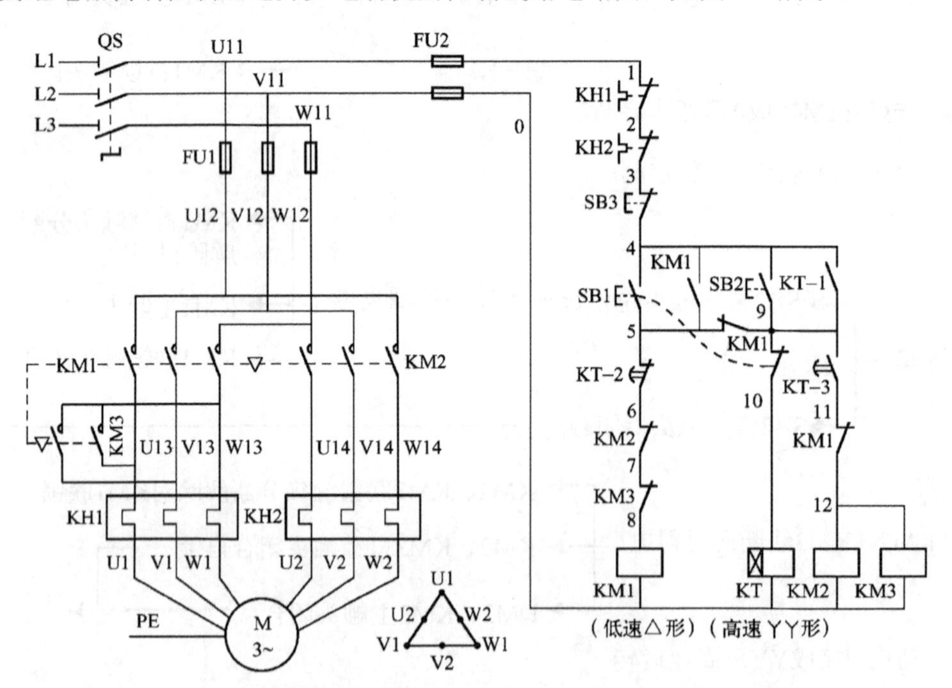

图 6-3 时间继电器自动控制双速异步电动机控制线路电路图

线路的工作原理如下，先合上电源开关 QS。

Δ 形低速启动运转控制：

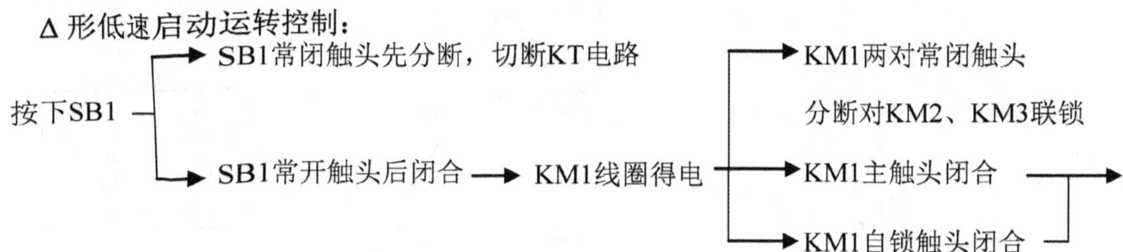

→ 电动机M接成 Δ 形低速启动运转

YY形高速启动运转控制：

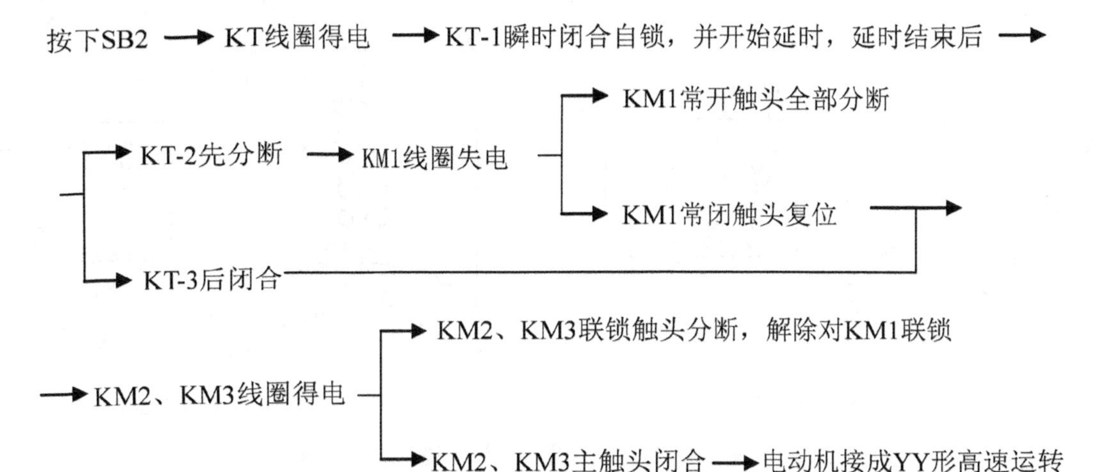

停止时，按下 SB3 即可。

若只需高速运转，可直接按下 SB2，则电动机先 Δ 形低速启动，后 YY 形高速运转。

任务 2　识读三速异步电动机控制线路

1. 三速异步电动机定子绕组的连接

三速异步电动机定子绕组的连接如图 6-4 所示。它有两套绕组，分两层安放在定子槽内，第一套绕组（双速）有七个出线端 U1、V1、W1、U3、U2、V2、W2，可作△或 YY 形连接；第二套绕组（单速）有三个出线端 U4、V4、W4，仅作 Y 形连接。当改变两套绕组的连接方式时，电动机可以得到三种不同的转速。

三相交流异步电动机定子绕组接线方法，如表 6-1 所示。

表 6-1　三速异步电动机定子绕组的接线方法

转　速	电源接线			并　头	连接方式
	L1	L2	L3		
低速	U1	V1	W1	U3、W1	△
中速	U4	V4	W4	—	Y
高速	U2	V2	W2	U1、V1、W1、U3	YY

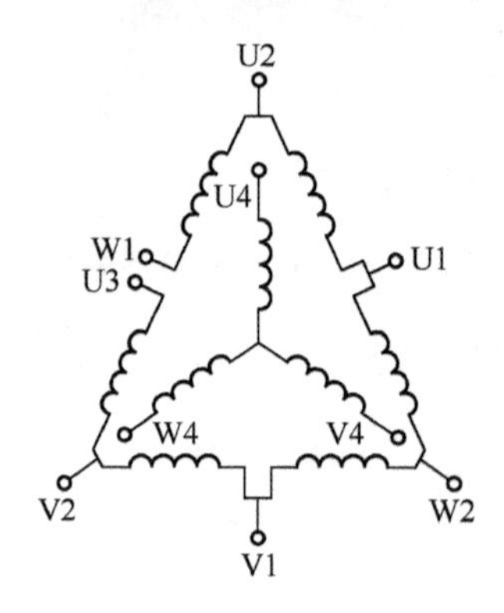

（a）三速电动机的两套定子绕组

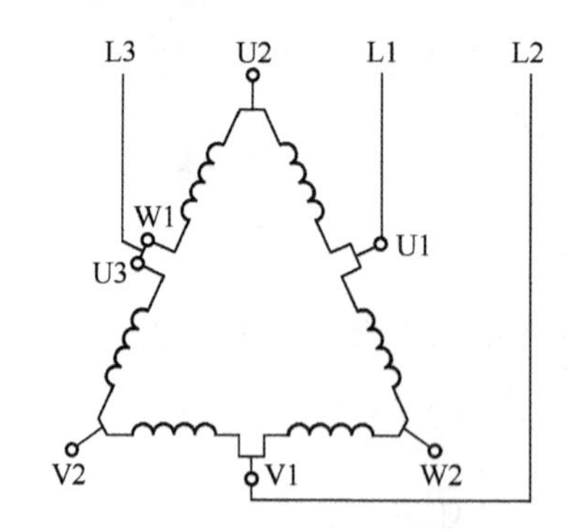

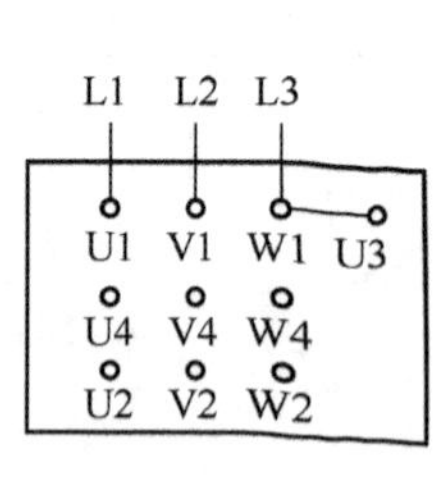

（b）低速—△形接法

L3 L1 L2
U4
W4 V4

L1 L2 L3
U1 V1 W1 U3
U4 V4 W4
U2 V2 W2

（c）中速—Y形接法

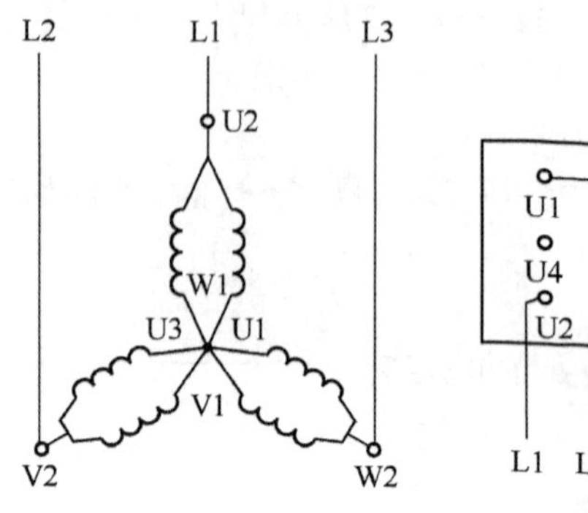

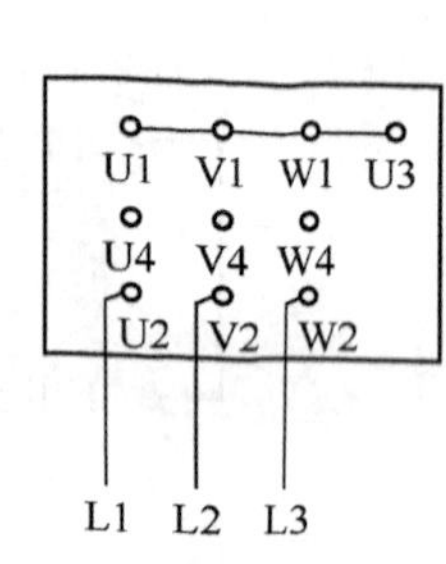

（d）高速YY形接法

图 6-4　三速异步电动机定子绕组的连接图

2．识读时间继电器自动控制三速异步电动机控制线路

时间继电器自动控制三速异步电动机的控制线路电路图，如图 6-5 所示。

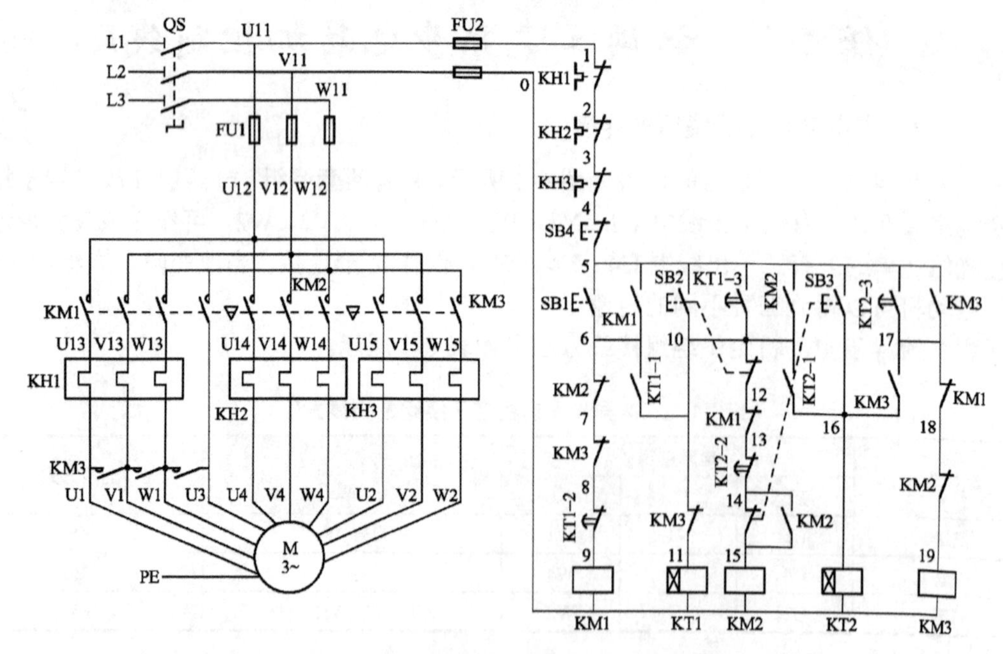

图 6-5　时间继电器自动控制三速异步电动机控制线路电路图

线路的工作原理如下，先合上电源开关 QS。

△低速启动运转控制：

按下 SB1→ 接触器 KM1 线圈得电→ KM1 自锁触头闭合自锁 / KM1 主触头闭合 → 电动机 M 接成△形低速运转；→ KM1 两对联锁触头分断对 KM2、KM3 联锁

△低速启动 Y 形中速运转控制：

按下 SB2 → SB2 常闭触头先分断，切断 KM2 线圈电路
→ SB2 常开触头后闭合→KT1线圈得电 → KT1-2、KT1-3 不动作
→ KT1-1 瞬时闭合→

→KM1 线圈得电→KM1 触头动作→电动机 M 接成△形低速启动→

经 KT1 延时后 → KT1-2 先分断→KM1 线圈失电→KM1 各触头复位
→ KT1-3 后闭合→KM2 线圈得电 → KM2 联锁触头分断对 KM1、KM3
→ KM2 主触头闭合联锁 / KM2 常开触头闭合 →

→电动机 M 接成 Y 形中速运转

△低速启动 Y 形中速运转过渡 YY 形高速运转控制：

按下 SB3 → SB3 常闭触头先分断
→ SB3常开触头后闭合→KT2 线圈得电 → KT2-2、KT2-3不动作
→ KT2-1 瞬时闭合 →

→KT1 线圈得电 → KT1-2 、KT1-3 不动作
→ KT1-1 瞬时闭合→KM1 线圈得电→KM1 触头动作，电动机 M 接成△形低速启动

经 KT1 延时后 → KT1-2 先分断→KM1 线圈失电→KM1 各触头复位
→ KT1-3 后闭合→KM2 线圈得电 → KM2 联锁触头分断对 KM1、KM3
→ KM2主触头闭合 / KM2 常开触头闭合 联锁 →

→电动机 M 接成 Y 形中速运转过渡

经 KT2 延时后 → KT2-2 先分断→ KM2 线圈失电→ KM2 各触头复位
→ KT2-3 后闭合→KM3 线圈得电→

→ KM3 主触头闭合 / KM3 常开触头闭合 → 电动机 M 接成 YY 形高速运转
→ KM3 两对常闭触头分断 → 对 KM1 联锁
→ KT1 线圈失电→KT1 各触头复位

停止时，按下 SB4 即可。

技能训练场 16 安装与检修多速输送机控制线路

任务描述

小李接到了维修电工车间主任分配给他的工作任务单，要求安装“多速输送机控制线路”。多速输送机的控制要求如下：

多速输送机要求有两种输送速度，正常情况时，以低速运行；一旦发生物料堆积，能够立即切换到高速运行，以快速输送物料。

该通风机电动机的主要技术参数：型号 YD112M-4/2，额定功率 3.3/4kW，额定工作电流 7.4/8.6A，额定电压 380V，额定频率 50Hz，Δ/YY 接法，1 440/2890r/min，绝缘等级 B 级，防护等级 IP23。

1. 训练目标

会安装与检修多速输送机控制线路。

2. 实训过程

（1）根据多速输送机控制线路电路图（可参考图 6-3），选配安装控制线路所需的工具、仪表及器材。

（2）根据控制线路，画出电气布置图和电气接线图；自编安装步骤和工艺要求，经指导教师审阅合格后进行安装训练。

安装注意事项如下：

① 电动机及所有带金属外壳的电器元件必须可靠接地。

② 热继电器 KH1、KH2 的整定值，应按输送机不同运行状态整定，在不通电前整定好，并在试车时校正。它们的热元件接线不能接错。

③ 接线时，应注意主电路中接触器 KM1、KM2 在两种运行速度下电源相序的改变，不能接错，否则将会造成电动机的转动方向相反，换向时将产生很大的冲击电流，而且达不到输送的要求。

④ 控制双速电动机 Δ 形接法的接触器 KM1 和 YY 形接法的接触器 KM3 的主触头不能对换接线，否则不但无法实现双速控制要求，而且会在 YY 形运行时造成电源短路事故。

⑤ 通电试车前，要复验电动机的接线是否正确，并测试其绝缘电阻是否符合要求。

⑥ 通电试车时，必须有指导教师在现场监护，并用转速表测量电动机的转速。

（3）检修训练

① 故障设置：由指导教师在所完成的控制线路板上人为设置电气自然故障 3 处。

② 故障检修：要求学生自编检修步骤及工艺要求，在确保用电安全的前提下进行故障检修。

3. 训练评价

可参考技能训练场 15。

思考与练习

1．三相交流异步电动机的调速方法有哪三种？三相笼型异步电动机的变极调速是如何实现的？

2．双速电动机的定子绕组共有几个出线端？分别画出双速电动机在低速、高速时定子绕组的接线图？

3．三速异步电动机有几套定子绕组？定子绕组共有几个出线端？分别画出三速电动机在低速、中速、高速时定子绕组的接线图？

下篇

常用生产机械电气控制线路检修

单元提要

本篇主要介绍普通车床、平面磨床、万能铣床等具有代表性的常用生产机械的电气控制线路及其检修方法，主要目的是提高在低压电气控制设备检修工作中的综合分析能力和解决问题的能力。

知识目标

- 知道常见生产机械的主要结构及运动形式、电力拖动的特点及控制要求。
- 熟悉常见生产机械电气控制线路及其工作原理。

技能目标

- 能正确、熟练分析常见生产机械的电气控制线路。
- 能正确、熟练分析常见生产机械电气控制线路的常见故障。
- 能熟练使用工具和仪表查找故障点并排除。

项目 7

检修 CA6140 型卧式车床电气控制线路

知识目标

熟悉绘制、识读机床电气控制线路电路图的基本方法。
知道 CA6140 型卧式车床的主要结构及运动形式、电力拖动特点及控制要求。
熟悉 CA6140 型卧式车床电气控制线路工作原理。
掌握低压电气控制设备检修要求与方法。

技能目标

能正确、熟练分析 CA6140 型卧式车床电气控制线路。
会识读 CA6140 型卧式车床电器元件布置图、接线图。
能正确、熟练分析和排除 CA6140 型卧式车床电气控制线路的常见故障。
能够完成工作记录、技术文件存档与评价反馈。

知识准备

车床是机械加工中使用最广泛的一种机床，指以卡盘或顶尖带动工件旋转为主运动，溜板带动刀架的直线移动为进给运动加工回转表面的机床。车床能够进行车削外圆、内圆、端面和加工螺纹、螺杆等加工，在装上钻头或铰刀等设备后还可进行钻孔和铰孔等加工。

车床的种类型号很多，按其用途、结构，可分为仪表车床、卧式车床、单轴自动车床、多轴自动和半自动车床、转塔车床、立式车床、多刀半自动车床、专门化车床等。近年来，还出现了数控车床、车削加工中心等机电一体化的产品。

本项目以 CA6140 型卧式车床为例，分析电气控制线路的构成、工作原理及检修方法。

任务 1　认识 CA6140 型卧式车床的结构、运行方式及控制要求

1. CA6140 型卧式车床的型号及含义

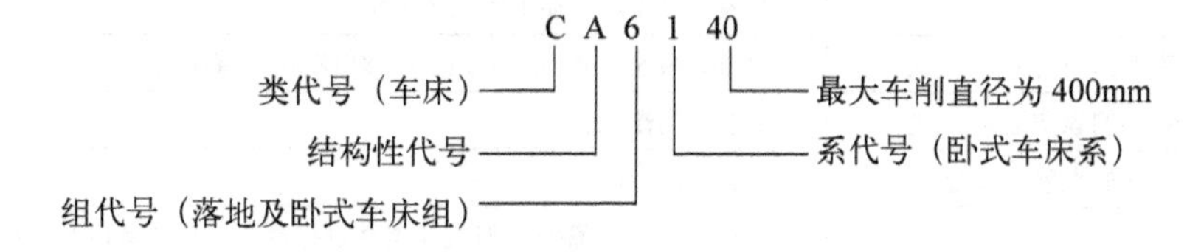

2. CA6140 型卧式车床的主要结构

CA6140 型卧式车床的外形及主要结构，如图 7-1 所示。

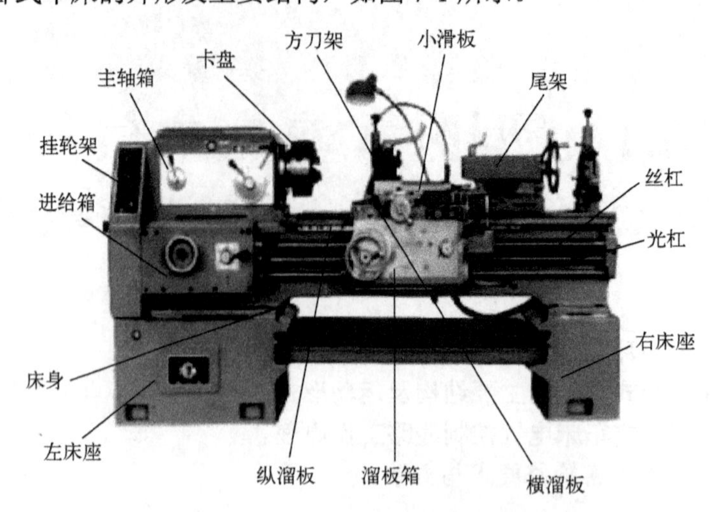

图 7-1　CA6140 型卧式车床的外形与结构图

CA6140 型卧式车床主要由床身、主轴箱、进给箱、溜板箱、刀架、丝杠、光杆、尾架等部分组成。车床的切削运动包括工件的旋转运动和刀具的直线运动。

切削时，车床的主运动是工件作旋转运动，即车削运动。根据工件的材料性质，要求主轴有不同的切削速度。主轴的变速是由主轴电动机经 V 型带传递到主轴变速箱来实现的。车床的进给运动是刀架带动刀具的直线运动。溜板箱把丝杠或光杠的转动传递给刀架部分，变换溜板箱外的手柄位置，经刀架部分使车刀做纵向或横向进给。

3. CA6140 型卧式车床的主要运动形式及控制要求

CA6140 型卧式车床的主要运动形式及控制要求，如表 7-1 所示。

表 7-1　CA6140 型卧式车床的主要运动形式及控制要求

运动种类	运动形式	控制要求
主运动	主轴通过卡盘或顶尖带动工件的旋转运动	（1）主轴电动机选用三相笼型异步电动机，不需要进行电气调速；主轴变速采用齿轮箱进行机械有级变速 （2）主轴电动机通过 V 型带将动力传递到主轴箱 （3）在车削螺纹时，要求主轴有正、反转，采用机械方法来实现，因此主轴电动机只作单向旋转 （4）主轴电动机容量不大，可采用直接启动，由按钮操作
进给运动	刀架带动刀具的直线运动	由主轴电动机拖动，主轴电动机的动力通过挂轮箱传递给进给箱，实现刀具的纵向和横向进给。加工螺纹时，要求刀架的移动和主轴转动有固定的比例关系，以满足对加工螺纹的要求
辅助运动	刀架的快速移动	由刀架快速移动电动机拖动，该电动机可直接启动，不需要正反转和调速
	尾架的纵向运动	由手动操作控制
	工件的夹紧与放松	由手动操作控制
	加工过程的冷却	车削加工时，需要对刀具和工件进行冷却，需配备冷却泵电动机，并要求在主轴电动机启动后，才能决定冷却泵电动机的开动与否，而当主轴电动机停止时，冷却泵应立即停止

另外，CA6140 型卧式车床电气控制线路必须有过载、短路、欠压、失压保护功能及安全的局部照明装置。

任务 2 识读 CA6140 型卧式车床电气控制线路

CA6140 型卧式车床电气控制线路电路图，如图 7-2 所示。其电气控制线路分主电路、控制线路和辅助电路三部分。CA6140 型卧式车床的电器元件明细表如表 7-2 所示。

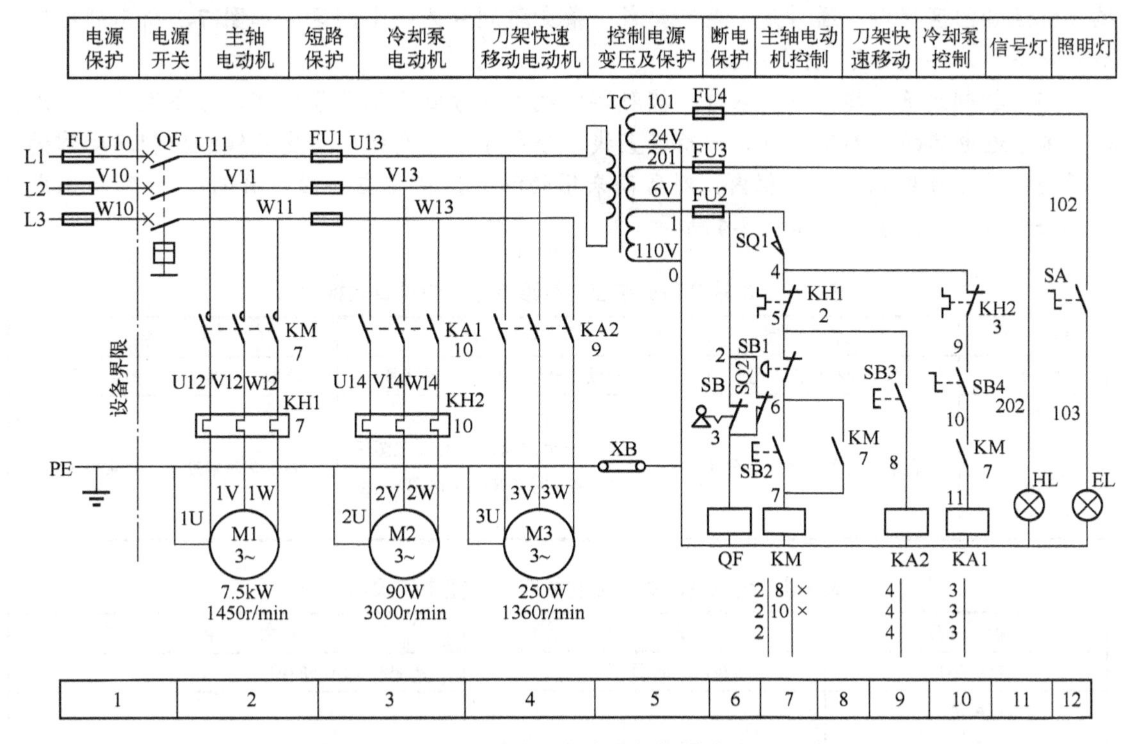

图 7-2 CA6140 型卧式车床电气控制线路电路图

表 7-2 CA6140 型卧式车床的电器元件明细表

符 号	名 称	作 用	符号	名 称	作 用
M1	主轴电动机	主轴旋转及进给传动	FU2	熔断器	控制电路短路保护
M2	冷却泵电动机	提供冷却液	FU3	熔断器	信号灯电路短路保护
M3	快速移动电动机	带动溜板快速移动	FU4	熔断器	照明灯电路短路保护
KM	交流接触器	控制主轴电动机 M1	HL	信号灯	电源指示
KA1	中间继电器	控制冷却泵电动机 M2	SB1	停止按钮	控制主轴电动机 M1 停止
KA2	中间继电器	控制快速移动电动机 M3	SB2	启动按钮	控制主轴电动机 M1 启动
QF	低压断路器	总电源引入	SB3	点动按钮	控制快速移动电动机 M3
EL	照明灯	提供工作时局部照明	SB4	旋钮开关	控制冷却泵电动机 M2
SA1	照明灯开关	控制照明灯	SB	钥匙开关	电源开关锁
KH1	热继电器	主轴电动机过载保护	SQ1	位置开关	挂轮架安全保护
KH2	热继电器	冷却泵电动机过载保护	SQ2	位置开关	电气箱打开断电安全保护
FU1	熔断器	电动机 M2、M3 短路保护	TC	控制变压器	提供照明灯安全电压、控制电路电压等

指点迷津：识读机床电气控制线路电路图的基本方法

识读机床电气控制线路电路图除上篇所介绍的绘制与识读电气控制线路电路图的一般原则外，还应注意以下几点：

（1）机床电气控制线路电路图按电路的功能可分成若干单元，并用文字将其功能标注在控制线路电路图上部的栏内，如图 7-2 所示的控制线路电路图按功能分为电源保护、电源开关、主轴电动机等 13 个单元。

（2）在控制线路电路图的下部（或上部）划分若干图区，并从左向右依次用阿拉伯数字编号标注在图区栏内。通常是一条回路或一条支路划分为一个图区，如图 7-2 所示的控制线路电路图中，共划分了 12 个图区。

（3）控制线路电路图中，在每个接触器的线圈下方画出两条竖直线，分成左、中、右三栏，每个继电器的线圈下方画出一条竖直线，分成左、右两栏。将受其线圈控制而动作的触头所处的图区号填入相应的栏内，对备而未用的触头，在相应的栏内用记号“×”标出或不标出任何符号。如表 7-3 和表 7-4 所示。

表 7-3　接触器触头在控制线路电路图中位置的标记

栏　目	左　栏	中　栏	右　栏
触头类型	主触头所处的图区号	辅助常开触头所处的图区号	辅助常闭触头所处的图区号
举例 KM 2 | 8 | X 2 | 10 | X 2 | |	表示 3 对主触头均在图区 2	表示一对辅助常开触头在图区 别 8，另一对常开触头在图区 10	表示 2 对辅助常闭触头未用

表 7-4　继电器触头在控制线路电路图中位置的标记

栏　目	左　栏	右　栏
触头类型	常开触头所处的图区号	常闭触头所处的图区号
举例 KA2 4 | 4 | 4 |	表示 3 对常开触头均在图区 4	表示常闭触头未用

（4）控制线路电路图中触头文字符号下面用数字表示该电器线圈所处的图区号。如图 7-2 所示的控制线路电路图中，在图区 4 中有“$\frac{\text{KA2}}{9}$”，表示中间继电器 KA2 的线圈在图区 9 中。

1. 主电路分析

CA6140 型卧式车床电气控制线路中共有三台电动机，各电动机的控制和保护电器如表 7-5 所示。

表 7-5　主电路的控制和保护电器

名称与代号	作　用	控制电器	过载保护电器	短路保护电器
主轴电动机 M1	带动主轴旋转、刀架进给运动	交流接触器 KM	热继电器 KH1	低压断路器 QF
冷却泵电动机 M2	供给冷却液	中间继电器 KA1	热继电器 KH2	熔断器 FU1
快速移动电动机 M3	带动刀架快速移动	中间继电器 KA2	无	熔断器 FU1

2．控制电路分析

该车床的电源由钥匙开关 SB 控制，将 SB 向右转动，再扳动断路器 QF 将三相电源引入。控制电路采用 110V 交流供电，是由 380V 交流电压经控制变压器 TC 降压而得，由熔断器 FU2 作短路保护。

（1）断电联锁保护：钥匙开关 SB 和位置开关 SQ 的常闭触头并联后与断路器 QF 的线圈串联。在正常工作时是断开的，QF 线圈不通电，断路器能合闸。打开配电盘壁龛门时，SQ2 闭合，QF 线圈获电，断路器 QF 自动断开，切断了整个控制线路的电源，达到安全保护的目的。

在正常工作时，位置开关 SQ1 的常开触头闭合。打开床头皮带罩后，SQ1 将断开，切断控制电路的电源，以确保人身和设备的安全。

（2）主轴电动机 M1 的控制：按下启动按钮 SB2，接触器 KM 线圈通电，常开辅助触头闭合自锁（8 区），主触头闭合（2 区），主轴电动机 M1 启动，同时有一个辅助常开触头闭合（10 区），为 KA1 线圈得电作准备。按下停止按钮 SB1，接触器 KM 线圈断电，主触头断开，主轴电动机 M1 停转。

（3）冷却泵电动机 M2 的控制：本控制线路中，主轴电动机 M1 和冷却泵电动机 M2 采用控制电路顺序控制，只有当主轴电动机 M1 启动后，其辅助常开触头闭合（10 区），合上旋钮开关 SB4，冷却泵电动机 M2 才能启动。当电动机 M1 停止时，冷却泵电动机 M2 自行停止。

指点迷津：电动机的顺序控制

在装有多台电动机的生产机械上，各电动机所起的作用是不同的，有时需按一定顺序启动或停止，才能保证操作过程的合理和工作的安全可靠。如 CA6140 型卧式车床、M7120 型平面磨床等生产机械上，要求主轴电动机启动后，冷却泵电动机才能启动。这种要求几台电动机的启动或停止必须按一定的先后顺序来完成的控制方式，称为电动机的顺序控制。

实现电动机的顺序控制方式有两种：一是主电路实现顺序控制，即将控制第二台电动机 M2 的接触器 KM2 的主触头接在控制第一台电动机 M1 接触器 KM1 的主触头下面，这样只有当 KM1 主触头闭合，电动机 M1 启动后，电动机 M2 才可能接通电源运转。二是控制电路实现顺序控制，其方法有多种，最常用的是在后启动电动机 M2 的控制电路中，串接一个先启动电动机 M1 的接触器 KM 的辅助常开触头，这样只有当接触器 KM 线圈得电，辅助常开触头闭合后，按后启动电动机 M2 的启动按钮，M2 才能启动。

在 CA6140 型卧式车床控制线路中，主轴电动机 M1 和冷却泵电动机 M2 就采用了在控制电路中串联接触器 KM 的辅助常开触头，保证了只有主轴电动机 M1 启动后，KM 的辅助常开触头闭合后，转动按钮 SB4 才能启动冷却泵电动机 M2。

（4）刀架快速移动电动机 M3 控制：刀架快速移动电动机 M3 的启动是由安装在进给操作手柄顶端的按钮 SB3 控制，它与中间继电器 KA2 组成点动控制。刀架的前、后、左、右方向的改变，是由进给操作手柄配合机械装置来实现的。需要快速移动时，按下 SB3 即可。

3．照明、信号电路分析

控制变压器 TC 的次级输出 24V、6V 电压，作为车床低压照明灯和信号灯的电源。EL 为车床的低压照明灯，由开关 SA 控制，照明灯 EL 的另一端必须接地，以防止照明变压器初级绕组和次级绕组之间发生短路时可能发生的触电事故，熔断器 FU4 是照明电路的短路保护电器。HL 为电源信号灯，采用 6V 交流电压供电，指示灯 HL 亮表示控制电路有电。

任务 3　检修 CA6140 型卧式车床电气控制线路

CA6140 型卧式车床电气控制线路常见故障及处理方法，如表 7-6 所示。

表 7-6　CA6140 型卧式车床电气控制线路的常见故障及处理方法

故障现象	可能原因	处理方法
低压断路器 QF 合不上	（1）配电盘壁龛门没有合上（SQ2 不能压合）或 SQ2 触头粘连 （2）钥匙式电源开关未转到 SB 断开位置	（1）关好配电盘壁龛门或更换 SQ2 （2）将 SB 转到断开位置
电源指示灯不亮	（1）灯泡烧坏 （2）熔断器 FU3 熔体熔断 （3）控制变压器 TC 损坏	（1）更换灯泡 （2）按要求更换熔体 （3）更换控制变压器 TC
照明灯不亮	（1）灯泡损坏 （2）照明开关 SA 损坏 （3）熔断器 FU4 熔体已烧断 （4）控制变压器 TC 损坏	（1）更换灯泡 （2）更换照明开关 SA （3）更换熔断器 FU4 熔体 （4）更换控制变压器 TC
电源指示灯亮，但电动机均不能启动	（1）FU2 熔断器熔体熔断或接触不良 （2）皮带罩没有关好，位置开关 SQ1 没有压合 （3）位置开关 SQ1 触头接触不良	（1）更换熔体或拧紧 （2）关好皮带罩，使 SQ1 压合 （3）更换位置开关 SQ1
按下启动按钮 SB2，电动机发出“嗡嗡”的声音，但不能启动运转	（1）熔断器 FU 中 L3 相熔体烧断 （2）接触器 KM 有一对主触头接触不良 （3）电动机接线有一处断线 （4）电动机绕组一相断线 （5）热继电器的热元件有一相断开	（1）更换熔体 （2）更换接触器 KM （3）接好断线 （4）更换电动机 （5）更换热继电器
主轴电动机 M1 只能点动	（1）接触器 KM 的自锁触头接触不良 （2）接线断开	（1）检查自锁触头，必要时更换 KM （2）接好断线
按下停止按钮 SB1，主轴电动机 M1 不能停止	（1）接触器 KM 主触头熔焊或机械卡阻 （2）停止按钮 SB1 常闭触头断不开	（1）更换 KM 或检修机械卡阻原因 （2）检查或更换停止按钮 SB1
冷却泵电动机 M2 不能启动	（1）主轴电动机没有启动 （2）旋钮开关 SB4 触头损坏 （3）热继电器 KH2 已动作或常闭触头损坏 （4）中间继电器 KA1 触头损坏或线圈断开 （5）电动机 M2 损坏	（1）启动主轴电动机 （2）更换 SB4 （3）将热继电器 KH2 复位或更换 KH2 （4）更换中间继电器 KA1 （5）更换电动机 M2
快速移动电动机 M3 不能启动	（1）按钮 SB3 触头损坏 （2）中间继电器 KA2 触头损坏或线圈断开 （3）快速移动电动机 M3 损坏	（1）更换按钮 SB3 （2）更换中间继电器 KA2 （3）更换快速移动电动机 M3

技能训练场 17 检修 CA6140 型卧式车床电气控制线路常见故障

1．训练目标

能正确分析，排除 CA6140 型卧式车床电气控制线路常见故障。

2．检修工具、仪器仪表及技术资料

（1）检修用工具、仪器仪表由学生自行选配，并进行检验。

（2）检修用技术资料：主要包括与 CA6140 型卧式车床相配套的电气控制线路电路图、电气布置图、电气接线图、检修记录单及机床其他相关技术资料。

3．检修步骤及工艺要求

机床电气控制线路检修前，必须在操作人员的指导下对机床进行操作，了解机床的各种工作状态及操作方法，切不可自行操作，以防操作不当，引起机械设备损坏。

机床电气故障的设置必须是模拟机床受外界影响而造成的自然故障；设置故障时不能更改线路或更换电器元件等由于人为原因而产生的非自然故障；故障设置应尽量不采用会引起人身安全或设备重大故障的故障。一般由指导教师在电气控制线路上设置 3～5 处故障点。

（1）在指导教师的指导下，根据图 7-3 所示的车床电气布置图、图 7-4 所示的电气接线图以及表 7-7 所示的各元件的位置及名称，熟悉车床各电器元件的分布位置和走线情况。

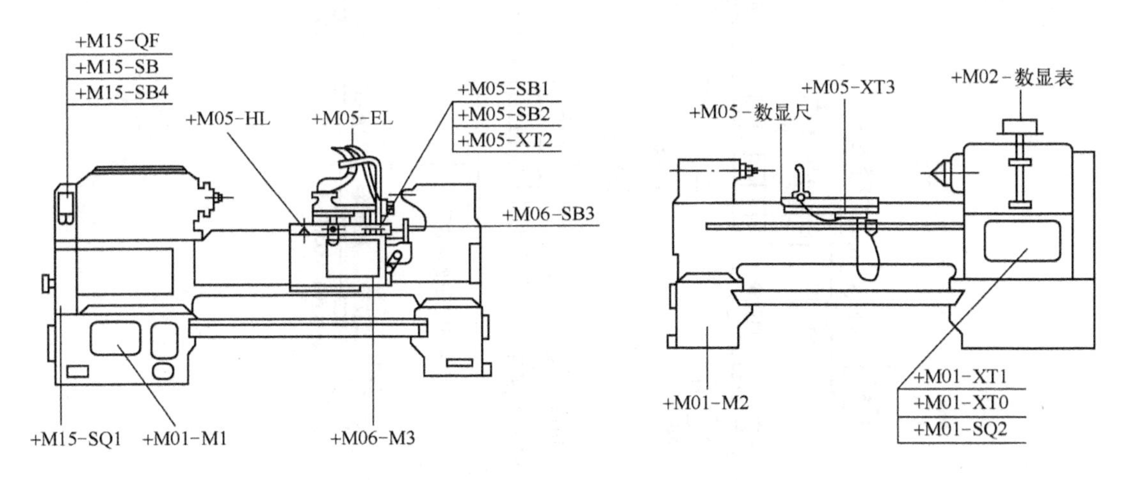

图 7-3 CA6140 型卧式车床电气布置图

表 7-7 各元件位置及名称

序 号	部件名称	安装的元件
1	床身底座	—M1、—M2、—XT0、—XT1、—SQ2
2	床鞍	—HL、—EL、—SB1、—SB2、—XT2、—XT3、数显表
3	溜板	—M3、—SB3
4	传动带罩	—QF、—SB、—SB4、—SQ1
5	床头	数显表

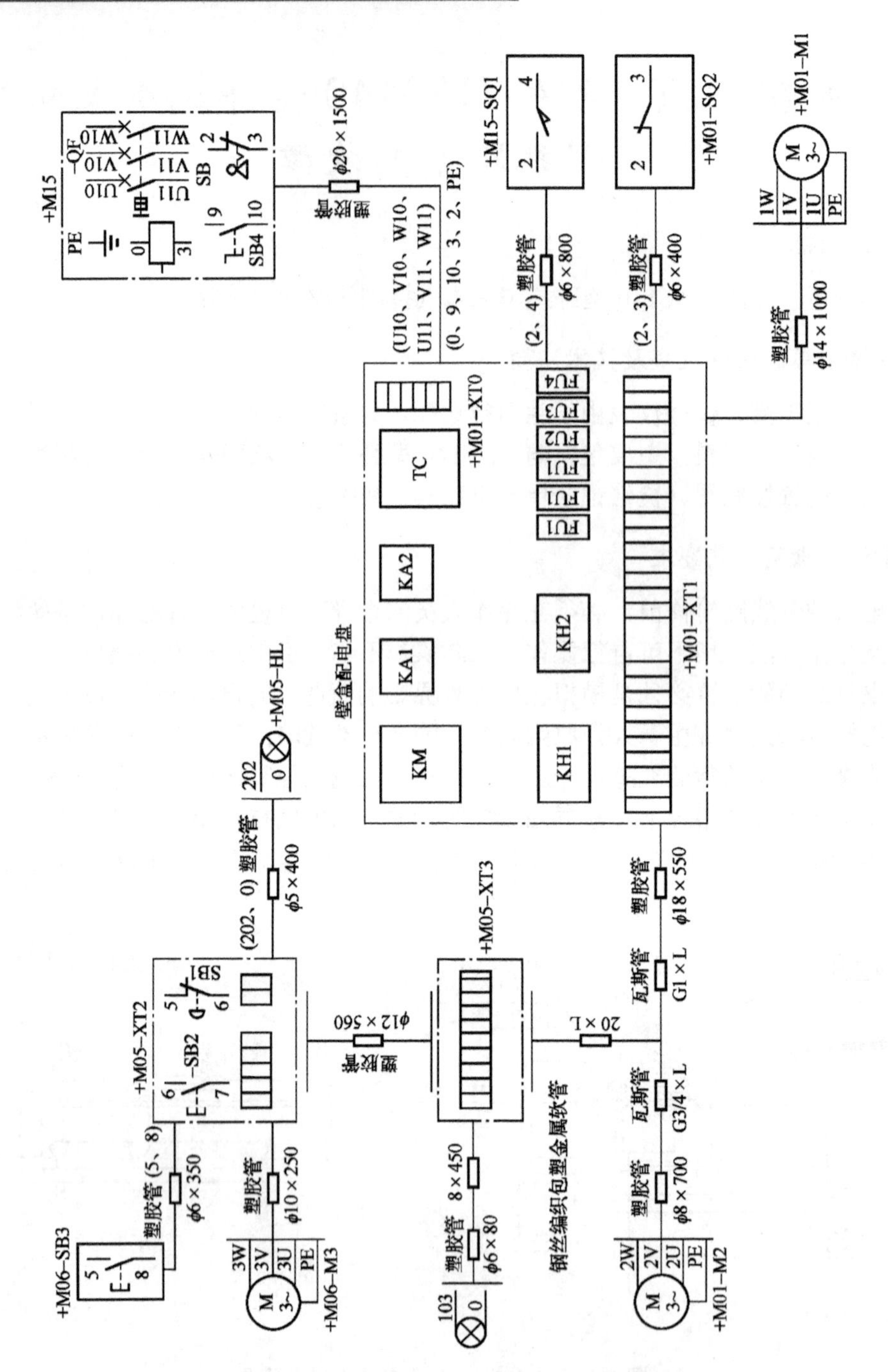

图 7-4　CA6140 型卧式车床电气接线图

（2）用试验法观察故障现象：主要观察电动机、接触器、继电器等动作情况，若发现异常，应及时切断电源检查。

（3）用逻辑分析法缩小故障范围，并在控制线路电路图中标出故障的最小范围。

（3）用测量法等检测方法正确、迅速地找出故障点（测量方法由学生选择）。

（4）根据故障点的不同情况，采取正确的修复方法，迅速排除故障。

（5）故障排除后再通电试车。

（6）检修结束后，应填写检修记录单，做好检修记录，如表 7-8 所示。

表 7-8 机床电气检修记录单 ______号

设备型号		设备名称		设备编号	
故障日期		检修人员		操作人员	
故障现象					
故障原因分析					
故障部位					
引起故障原因					
故障修复措施					
负责人评价	负责人签字： 年 月 日				

4. 注意事项

（1）要熟悉机床电气控制线路中各个基本环节的作用及控制原理。

（2）观察故障现象应认真仔细，发现异常情况应及时切断电源，并向指导教师报告。

（3）工具、仪器仪表使用要正确规范。

（4）故障分析思路、方法要正确，有条理，应将故障范围尽量缩小。

（5）停电要验电，带电检修时，必须有指导教师在现场监护，并应确保用电安全。

（6）检修时不得扩大故障范围或产生新的故障点。

（7）检修结束时，应整理技术资料并归档。

5. 评价标准

训练评价标准如表 7-9 所示。

表 7-9 评价标准

项 目	评价要素	评价标准	配分	扣分
调查研究	正确了解故障现象	（1）故障现象不正确 每个扣 5 分 （2）故障现象描述有误 每个扣 3 分	20	
工具、仪器仪表、器材选择与使用	（1）正确选择所需的工具、仪表及检修器材 （2）工具、仪表使用规范	（1）选择不当 每件扣 2 分 （2）工具、仪表使用不规范 每次扣 3 分 （3）损坏工具、仪表 扣 15 分	15	
故障分析与检查	（1）故障分析思路清晰 （2）故障检查方法正确、规范 （3）故障点判断正确	（1）故障分析思路不清晰 扣 10 分 （2）故障检查方法不正确、不规范 每个扣 15 分 （3）故障点判断错误 每个扣 10 分	30	
故障排除	（1）停电验电 （2）排故思路清晰 （3）正确排除故障 （4）通电试车成功	（1）停电不验电 扣 5 分 （2）排故思路不清晰 每个故障点 扣 5 分 （3）排故方法不正确 每个故障点 扣 5 分 （4）不能排除故障 每个故障点 扣 10 分 （5）通电试车不成功 扣 25 分	30	
技术资料归档	（1）检修记录单填写 （2）技术资料完整并归档	（1）检修记录单不填写或填写不完整 酌情扣 3～5 分 （2）技术资料不完整或不归档 酌情扣 3～5 分	5	

续表

<table>
<tr><th>项　目</th><th colspan="2">评价要素</th><th colspan="3">评价标准</th><th>配分</th><th>扣分</th></tr>
<tr><td>其他</td><td colspan="2">（1）检修过程中不出现新故障
（2）不损坏电器元件</td><td colspan="3">（1）检修时产生新故障不能自行修复　每个扣 10 分
（2）产生新故障能自行修复　每个扣 5 分
（3）损坏电动机、电器元件　扣 10 分
注：本项从总分中扣除</td><td></td><td></td></tr>
<tr><td>安全文明生产</td><td colspan="6">要求材料无浪费，现场整洁干净，废品清理分类符合要求；遵守安全操作规程，不发生任何安全事故。违反安全文明生产要求，酌情扣 5～40 分，情节严重者，可判本次技能操作训练为零分，甚至取消本次实训资格</td><td></td></tr>
<tr><td>定额时间</td><td colspan="6">60 分钟，每超时 5 分钟（不足 5 分钟以 5 分钟计）　扣 5 分</td><td></td></tr>
<tr><td>备注</td><td colspan="6">除定额时间外，各项目的最高扣分不应超过配分数</td><td></td></tr>
<tr><td>开始时间</td><td></td><td>结束时间</td><td></td><td>实际时间</td><td></td><td>成绩</td><td></td></tr>
<tr><td colspan="8">学生自评：
学生签名：　　年　月　日</td></tr>
<tr><td colspan="8">教师评语：
教师签名：　　年　月　日</td></tr>
</table>

阅读材料 5　低压电气控制设备检修要求与方法

一、低压电气控制设备检修要求

低压电气控制设备发生故障时，检修人员应能够及时、熟练、准确、迅速、安全地查出故障，并加以排除，使生产机械能够正常运行。对低压电气控制设备检修的一般要求有：

（1）采用的检修步骤和方法必须正确、切实可行。

（2）不得随意更换电器元件及连接导线的型号与规格，不得损坏电器元件。

（3）不得善自更改线路。

（4）电气设备的各种保护性能、绝缘电阻等必须达到设备出厂前的要求。达到设备外观整洁，无破损；各种操纵机构、复位机构必须灵活可靠；各种整定参数值符合电路使用要求；指示装置能正常发出信号等。

二、低压电气控制设备检修的一般方法

低压电气控制设备的检修包括日常维护保养和故障检修两个方面。

1．低压电气控制设备的日常维护和保养

加强对低压电气控制设备的日常检查、维护、保养，要做到“四勤”——勤巡视、勤听、勤闻、勤摸，这样能及时发现一些非正常现象，并给予及时的修复或更换处理，可以将故障消灭在萌芽状态，达到防患与未然，使低压电气控制设备少出甚至于不出故障，达到设备的正常运行。

低压电气控制设备的日常检查、维护、保养内容，如表 7-10 所示。

表 7-10　低压电气控制设备的日常检查、维护、保养主要内容

项　目	日常检查、维护、保养主要内容
电动机的日常检查、维护与保养	（1）保持电动机表面清洁，进、出风口保持通畅无阻，没有异物进入电动机内部。 （2）经常检查运行中的电动机负载电流是否正常，特别是三相电压、电流是否平衡，三相电压、电流中任何一相与其三相平均值相差不能超过 10%。 （3）经常检查电动机的绝缘电阻，额定电压为 380V 的三相交流异步电动机及各种低压电动机的绝缘电阻不得低于 0.5MΩ，高压电动机定子绕组绝缘电阻为 1 MΩ/KV，转子绕组绝缘电阻不得低于 0.5MΩ。若发现电动机绝缘电阻不符合要求，应采取措施处理，使其符合要求才能继续使用。 （4）经常检查电动机的接地装置，使之保持牢固可靠。 （5）经常检查电动机的温升是否正常，振动、噪声是否正常，有无异味、冒烟、转动困难，电动机轴承是否过热、润滑脂是否正常等情况，一旦发现异常，应立即停止运行并检修。 （6）对绕线转子异步电动机还应检查电刷与滑环之间的接触压力、磨损及火花情况等。 （7）对直流电动机应检查换向器表面是否光滑圆整，有无机械损坏或火花灼伤等。 （8）检查机械传动装置是否正常，联轴器、带轮或传动齿轮是否跳动。 （9）检查电动机的引出线绝缘是否良好、连接是否可靠。
电气控制设备的日常检查、维护和保养	（1）电气柜的门、盖、锁及门框四周的耐油密封垫应良好。 （2）操纵台上的所有操纵按钮、主令开关的手柄、信号灯及仪表保护罩等应保持清洁。 （3）检查接触器、继电器等电器元件的触头系统吸合是否良好，有无异常噪声、卡阻或迟滞现象，触头表面有无烧蚀、毛刺或穴坑；电磁线圈是否过热；各种弹簧的弹力是否适当；灭弧装置是否完整无损等。 （4）检查位置开关能否起到位置保护作用。 （5）检查各电器的操作机构是否灵活可靠，有关整定值是否符合要求。 （6）检查各线路接头与端子排的连接是否可靠，各种部件之间的连接线、电缆或保护导线的软管，不得被冷却液等腐蚀，管接头处不得产生脱落或散头等现象。 （7）检查电气柜及导线通道的散热情况是否良好，各类指示信号和照明装置是否完好等。
电气控制设备的维护和保养周期	对电气柜内的电器元件，一般不经常进行开门监护，主要依靠定期维护和保养来实现电气设备较长时间的安全稳定运行。其维护和保养周期，可根据电气设备的结构、使用频率、环境条件等确定。一般可采用配合生产机械的一、二级保养同时进行。 一级保养时间一般为一季度一次，二级保养一般为一年一次。

2．低压电气控制设备电气故障的一般检修方法

低压电气控制设备电气故障的一般检修方法如下：

1）故障检修前的调研

当低压电气控制设备发生故障后，不能盲目动手检修。应通过问、看、听、摸、闻等手段来了解故障前后的操作情况和故障发生后出现的异常现象，以便根据故障现象判断故障发生的部位，进而准确地排除故障。

2）用逻辑分析法确定故障范围

对发生故障的电气控制设备，不可能对其控制线路进行全面的检查。检修时，可以根据电气控制线路电路图，采用逻辑分析法，对故障现象作具体的分析，划出故障可能的范围。通常是先从主电路入手，分析与电动机有关的控制电器；然后根据电动机主电路所用的电器元件，找到相应的控制电路。在此基础上，结合故障现象和线路的工作原理，进行认真的分析排查，确定故障的范围。

对比较熟悉的电气控制线路，可不必按部就班逐级检查，可在故障范围内的某个中间环节先进行检查，查明故障原因，提高检修速度。

3）进行必要的外观检查

在确定故障范围后，可对该范围内的所有电器元件、连接导线等进行外观检查，如熔断器的熔体、接触器的线圈、位置开关的安装位置等进行必要的检查。

4）用试验法进一步缩小故障范围

当外观检查不能发现故障部位时，可根据故障现象，结合电气控制线路电路图分析故障原因，在不扩大故障和保证安全的前提下，进行直接通电试验或切断负载通电试验，以分清故障可能是电气部分还是机械部分等其他部分；是在电动机上还是在控制板上；是在主电路还是在控制电路上。

一般情况下，先检查控制电路，其方法是：操作某一只按钮或开关时，控制线路中有关的接触器、继电器应按规定的动作顺序动作。若依次动作到某一电器元件时，发现动作不符合要求，即说明该电器元件或与其相关电路有故障。再在此电路中进行逐项分析和检查，一般就能发现故障。当控制电路的故障排除后，再接通主电路，检查控制电路对主电路的控制效果，观察主电路的工作情况有无异常等。

在通电试验时，必须注意人身安全和设备安全。要遵守安全用电操作规程，不得随意触及带电部分，要尽可能切断电动机主电路电源，只在控制电路带电的情况下进行检查；如需电动机运转，则应使电动机在空载下运行，以避免生产机械的运动部分发生误动作和碰撞；要暂时隔断有故障的主电路，以防故障扩大，并预先充分估计到局部线路动作后可能发生的不良后果。

5）用测量法确定故障点

所谓测量法，就是运用常用的电工仪器仪表（如万用表、钳形电流表、兆欧表、验电笔等）对电路进行带电或断电测量，根据所测得的电压、电流、电阻等参数，来判断电器元件的好坏和线路的通断等情况。

除项目 2 中所介绍的电阻测量法和项目 3 中所介绍的电压测量法外，还有短接法等。下面介绍短接法确定电气控制线路故障点的方法与步骤。

因为机床电气控制线路的常见故障是导线断开、触头接触不良、熔断器开路等故障，对此类故障，可用一根绝缘导线，将所怀疑的断路点短接，若短接后电路接通，则说明该处断路。短接法有局部短接法和长短接法两种。下面以 CA6140 型卧式车床主轴电动机控制线路故障为例进行说明。

（1）局部短接法。按下启动按钮 SB2，若接触器 KM 不能吸合，说明主轴电动机控制电路有故障。其检查方法如图 7-5 所示。

检查前，先用万用表测量 0 和 1 号点之间的电压是否为 110V。若正常，可用一根绝缘良好的硬导线分别短接 1-2、2-4、4-5、5-6、6-7 相邻两点。当短接到某点时，接触器 KM 吸合，说明断路故障在这两点之间。注意不能短接 7-0 之间，以防电路短路。其故障判断结果，如表 7-11 所示。

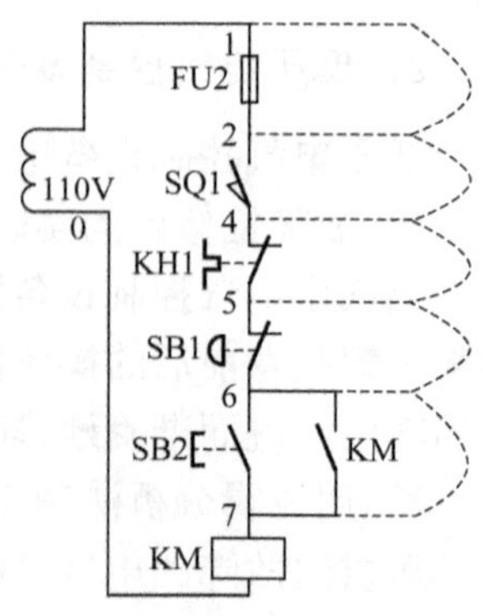

图 7-5　局部短接法

表7-11 用局部短接法查找故障点

故障现象	短接点标号	电路状态	故障点
按下SB2，接触器KM不吸合	1-2	KM吸合	熔断器FU2熔断或接触不良
	2-4	KM吸合	位置开关SQ1常开触头接触不良
	4-5	KM吸合	热继电器KH1常闭触头接触不良
	5-6	KM吸合	停止按钮SB1常闭触头接触不良
	6-7	KM吸合	启动按钮SB2常开触头接触不良

（2）长短接法。

长短接法是用一根绝缘导线一次短接一个或多个触头来检查故障。以图7-6所示的CA6140型卧式车床主轴电动机控制电路故障为例进行分析。

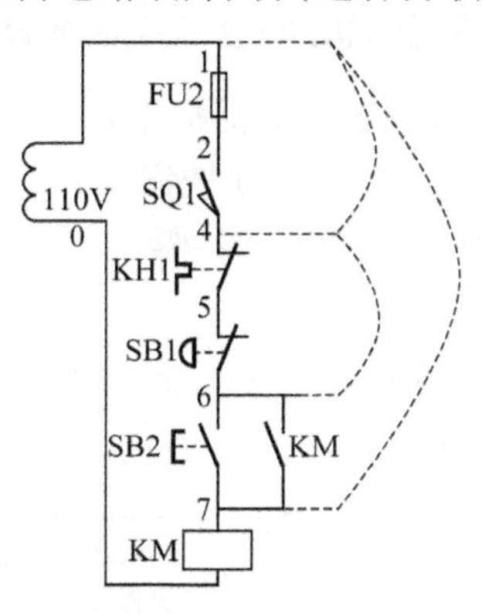

图7-6 长短接法

如怀疑FU2熔体熔断、SQ1的常开触头接触不良时，可将1-4两点间用绝缘硬导线短接，如KM能吸合，则说明KM线圈正常，故障点可缩小到在1-4号点之间的电路上；然后再用局部短接法短接1-2、2-4等点，最后确认故障点。所以，长、短接法结合使用，可以较迅速地查找到故障点。

指点迷津：用短接法检查故障时的注意事项

1. 用短接法检测时，是用手拿着绝缘导线带电操作，所以要严防发生触电事故。

2. 短接法一般只适用于压降较小的导线及触头之类的断路故障检查，不能在主电路中使用。对于压降较大的电器，如电阻、线圈、绕组等断路故障，切不能用短接法，否则会出现短路故障。

3. 必须保证生产机械电气和机械部件不会出现事故的情况下才能使用。

6）检查是否存在机械、液压等故障

由于许多电器元件的动作是由机械或液压来推动的，或与它们有密切关系，所以在检修电气故障的同时，应检查、调整和排除机械、液压部分的故障或与机修工配合完成。

7）检修后的善后工作

当故障排除后，就应做修复、试运转、故障记录等善后工作。

① 不仅要查出故障点、排除故障，还应查明产生故障的原因，然后将故障的原因排除，并采取有效的措施，以免以后产生类似的故障。

② 检修时，不能改动控制线路或更换不同规格的电器元件，以防止产生人为故障。

③ 试运行时，应与操作工配合完成。

④ 每次排除故障后，应及时总结经验，并做好故障记录。

阅读材料 6　CA6140 型卧式车床电气控制线路典型故障检修方法与步骤

为了安全生产和安全检修，CA6140 型卧式车床设置了配电盘壁龛门位置开关 SQ2 和床头皮带罩位置开关 SQ1。所以当需要带电检修或打开皮带罩试车时，应做好相应的安全预防措施，否则不得进行检修和试车。在带电检修时，可将位置开关 SQ2 的传动杠拉出，使低压断路器 QF 能够合上，以保证车床能够通电。关上壁龛门后，SQ2 恢复原保护作用。

下面以主轴电动机不能启动为例介绍常见电气故障的检修方法和步骤。

1. 主轴电动机不能启动、接触器 KM 吸合故障的检修方法与步骤

主轴电动机 M1 不能启动，在确保安全的前提下，可打开配电盘壁龛门，将位置开关 SQ2 的传动杠拉出，再合上电源开关 QF，按下启动按钮 SB2，观察接触器 KM 能否吸合，若 KM 吸合，则故障必然发生在主电路中，可按下列步骤检修：

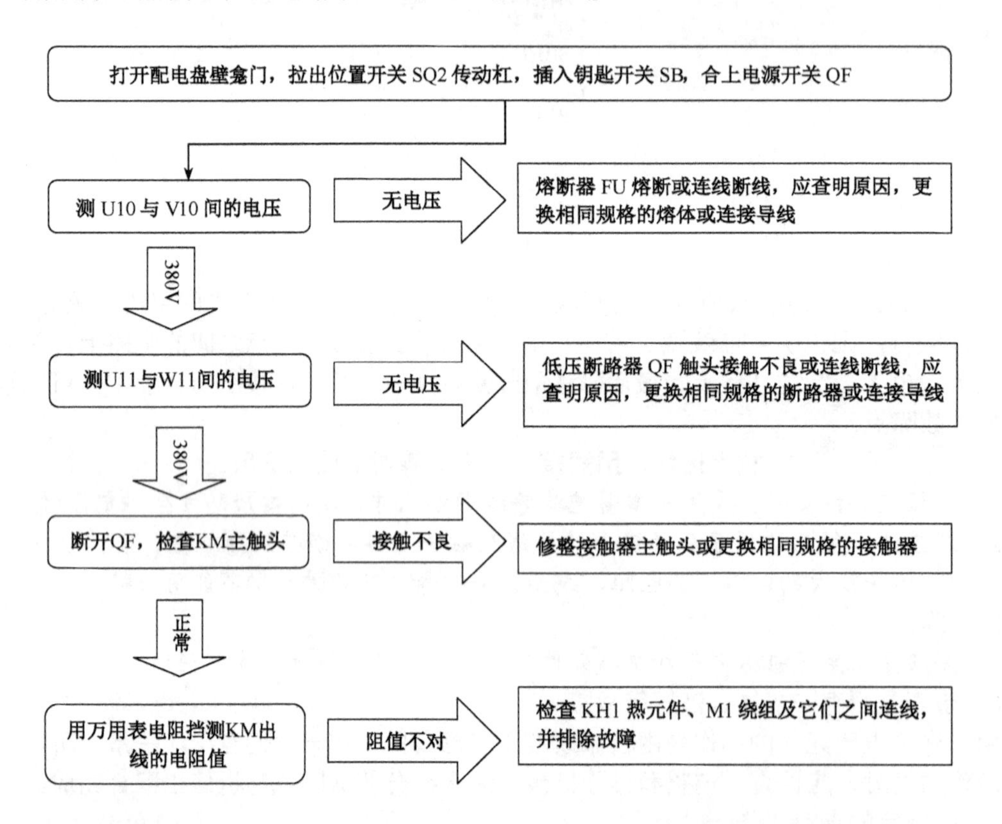

2. 主轴电动机不能启动、接触器 KM 不吸合故障的检修方法与步骤

合上电源开关 QF，按下启动按钮 SB2，观察到 KM 不能吸合，则故障必然发生在控制电路中，可按下列步骤检修：

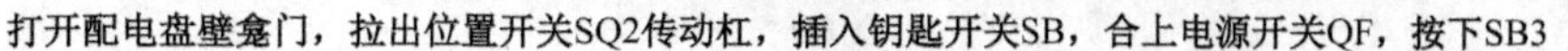

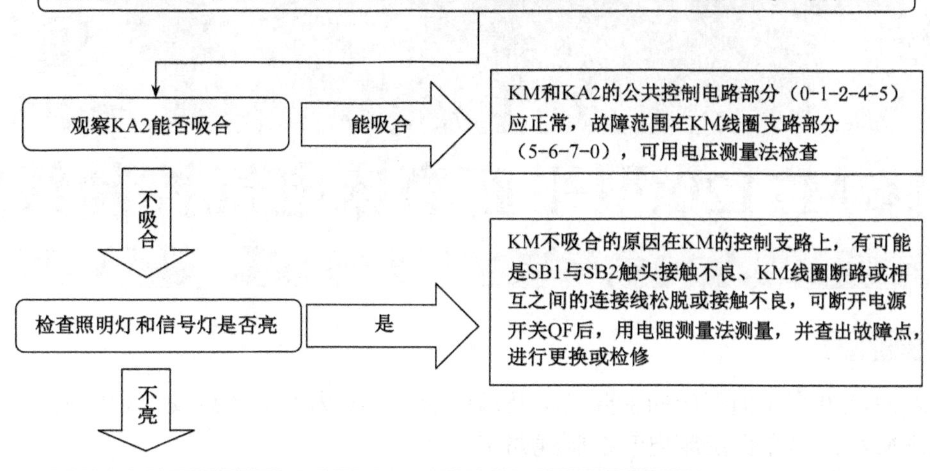

思考与练习

1．CA6140 型卧式车床电气控制线路中有几台电动机？它们的作用是什么？它们的控制和保护电器分别是什么？

2．CA6140 型卧式车床中，若主轴电动机 M1 只能点动，则可能的故障原因有哪些？在此情况下，冷却泵电动机能否正常工作？

3．CA6140 型卧式车床的主轴电动机运行中自动停车后，操作者立即按下启动按钮，但电动机不能启动，试分析故障原因。

项目 8

检修 M7120 型平面磨床电气控制线路

知识目标

知道 M7120 型平面磨床的主要结构及运动形式、电力拖动特点及控制要求。

熟悉 M7120 型平面磨床电气控制线路工作原理。

技能目标

能正确、熟练分析 M7120 型平面磨床电气控制线路。

能正确、熟悉分析和排除 M7120 型平面磨床电气控制线路的常见故障。

能够完成工作记录，技术文件存档与评价反馈。

知识准备

磨床是用砂轮的周边或端面对工件的表面进行机械加工的一种精密机床。通过磨削，使工件表面的形状、精度、光洁度等达到预期的要求。磨床的种类很多，根据用途不同可分为平面磨床、内圆磨床、外圆磨床、工具磨床以及一些专用磨床（如螺纹磨床、齿轮磨床、球面磨床、花键磨床、导轨磨床与无心磨床）等，其中以平面磨床应用最为普遍。

平面磨床是用砂轮磨削加工各种零件的平面。平面磨床可分为立轴矩台平面磨床、卧轴矩台平面磨床、立轴圆台平面磨床、卧轴圆台平面磨床。M7120 型平面磨床是平面磨床中使用较为普遍的一种，它的平面磨削精度和光洁度都比较高，操作方便，适用磨削精密零件和各种工具，并可作镜面磨削。

本项目以 M7120 型平面磨床为例分析电气控制线路的构成、工作原理及检修方法。

任务 1　认识 M7120 型平面磨床的结构、运动方式及控制要求

1. M7120 型平面磨床的型号及含义

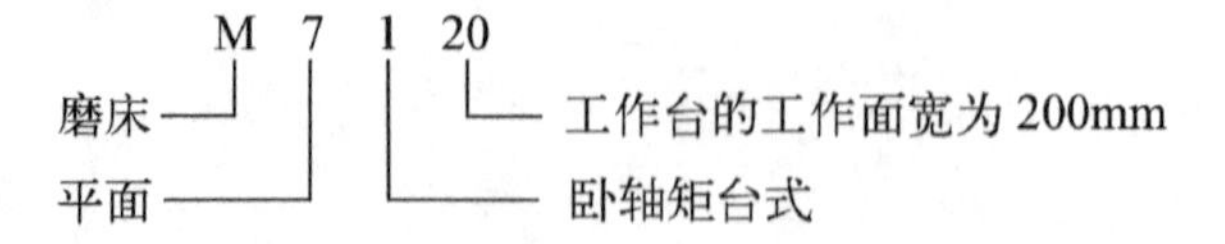

2. M7120 型平面磨床的主要结构

M7120 型平面磨床的外形和结构如图 8-1 所示。主要由床身、工作台、电磁吸盘、砂轮架（又称磨头）、立柱等组成。

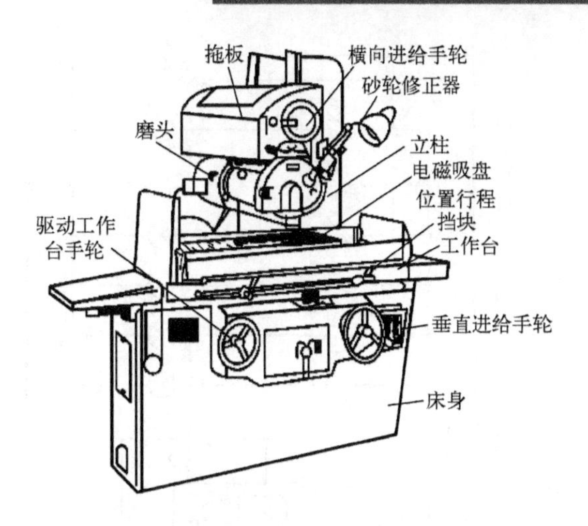

图 8-1　M7120 型平面磨床外形与结构

3. M7120 型平面磨床的运动形式及控制要求

M7120 型平面磨床的运动形式及控制要求，如表 8-1 所示。

表 8-1　M7120 型平面磨床的主要运动形式及控制要求

运动种类	运动形式	控制要求
主运动	砂轮的高速运转	（1）为保证磨削加工质量，要求砂轮有较高的转速，通常采用两极笼型异步电动机拖动 （2）为提高主轴的刚度，简化机械结构，采用装入式电动机 ，将砂轮直接装到电动机轴上 （3）砂轮电动机只要求单向运转，可直接启动，无调速和制动要求
进给运动	工作台的往复运动（纵向进给）	（1）因液压传动换向平稳，易于实现无级调速，所以工作台的往复运动由液压传动 （2）液压泵电动机 M1 拖动液压泵，工作台在液压作用下作纵向运动 （3）由装在工作台前侧的换向挡铁碰撞床身上的液压换向开关控制工作台的进给方向
	砂轮架的横向（纵向）进给	（1）在磨削加工过程中，工作台每换向一次，砂轮架就横向进给一次 （2）在修正砂轮或调整砂轮的前后位置时，可连续横向移动 （3）砂轮架的横向进给运动可由液压传动，也可用手轮进行操作
	砂轮架的升降（垂直）进给	（1）滑座沿立柱的导轨垂直上下移动，以调整砂轮架的上下位置，或使砂轮磨入工件，以控制磨削平面时的工件尺寸 （2）垂直进给运动由砂轮升降电动机 M4 控制
辅助运动	工件的夹紧	（1）工件可以用螺钉和压板直接固定在工作台上 （2）在工作台上也可以装电磁吸盘，将较小的工件吸附在电磁吸盘上。此时要有充磁和退磁控制环节 （3）为保证安全，电磁吸盘与电动机 M1、M2、M3 之间有电气联锁装置，即电磁吸盘吸牢工件后，这些电动机才能启动。电磁吸盘不工作或发生故障时，这些电动机均不能启动
	工作台的快速移动	工作台能在纵向、横向或垂直三个方向快速移动，由液压传动机构控制
	工件的夹紧与放松	由人力操作
	工件的冷却	冷却泵电动机 M3 拖动冷却泵旋转供给冷却液；要求砂轮电动机 M2 和冷却泵电动机 M3 实现顺序控制

任务 2　识读 M7120 型平面磨床电气控制线路

M7120 型平面磨床电气控制线路如图 8-2 所示。M7120 型平面磨床主要分为主电路、控制电路、电磁吸盘控制电路及照明与信号灯电路四部分。其主要电器元件如表 8-2 所示。

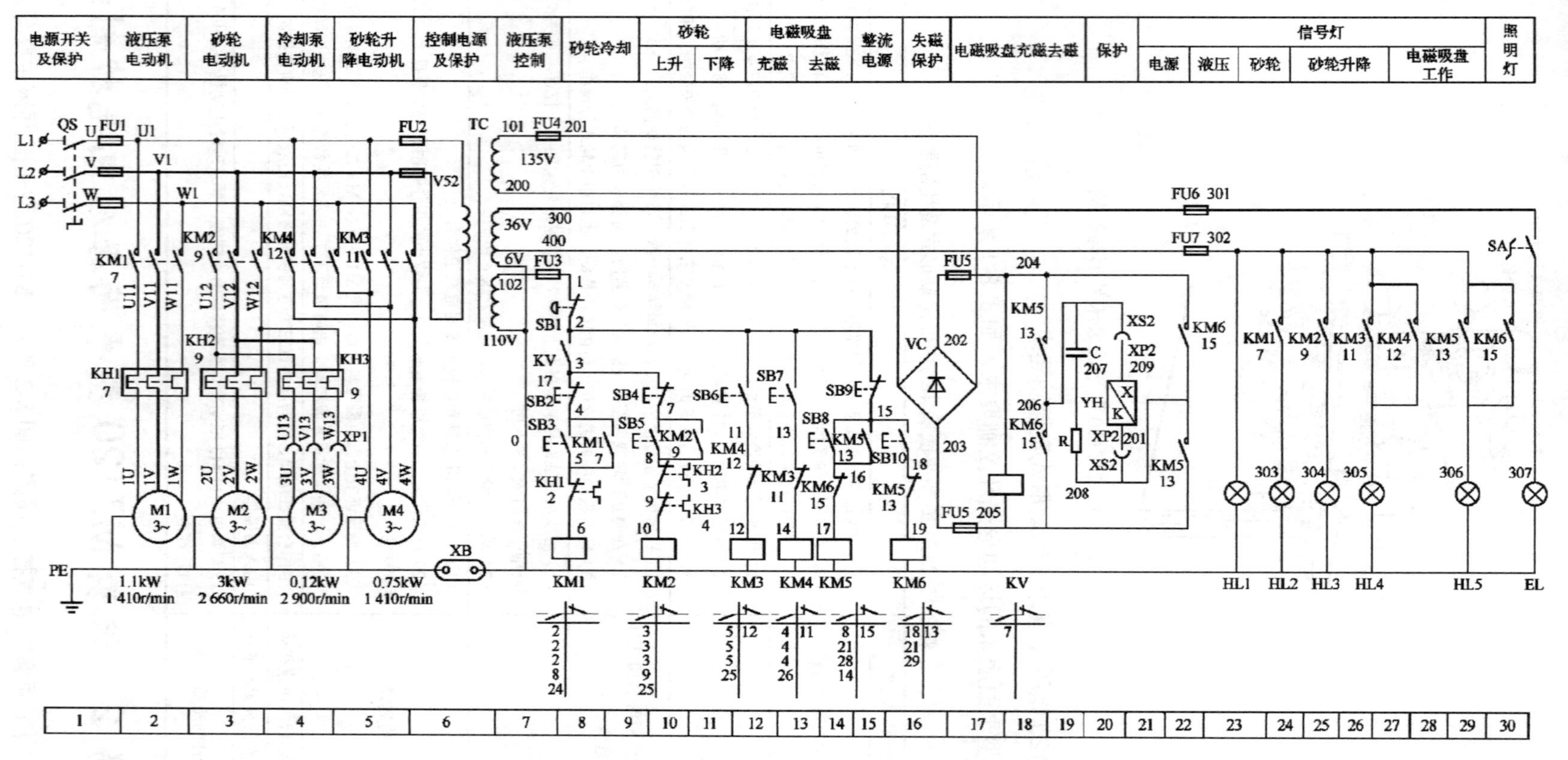

图 8-2　M7120 型平面磨床电气控制线路电路图

表 8-2　M7120 型平面磨床电器元件明细表

符　号	名　　称	作　　用	符　号	名　　称	作　　用
M1	液压泵电动机	驱动液压泵	TC	控制变压器	提供控制电路等电源
M2	砂轮电动机	驱动砂轮	YH	电磁吸盘	工件夹具
M3	冷却泵电动机	供给冷却液	KV	欠电压继电器	电磁吸盘欠压保护
M4	砂轮升降电动机	升降砂轮	SB1	紧急停止按钮	紧急停止
QS	电源开关	电源引入	SB2	停止按钮	停止电动机 M1
SA	照明灯开关	控制照明灯	SB3	启动按钮	启动电动机 M1
FU1	熔断器	四台电动机短路保护	SB4	停止按钮	停止电动机 M2
FU2	熔断器	控制变压器短路保护	SB5	启动按钮	启动电动机 M2
FU3	熔断器	控制电路短路保护	SB6	点动按钮	控制砂轮上升
FU4	熔断器	整流器短路保护	SB7	点动按钮	控制砂轮下降
FU5	熔断器	电磁吸盘短路保护	SB8	充磁按钮	电磁吸盘充磁
FU6	熔断器	照明电路短路保护	SB9	停止按钮	电磁吸盘充磁结束
FU7	熔断器	指示灯电路短路保护	SB10	退磁按钮	电磁吸盘退磁
KM1	交流接触器	控制液压泵电动机 M1	R、C	电阻、电容	构成电磁吸盘放电电路
KM2	交流接触器	控制砂轮电动机 M2	HL1	指示灯	电源指示
KM3 KM4	交流接触器	控制电动机 M4 正反转，带动砂轮升降	HL2	指示灯	电动机 M1 工作指示
KM5 KM6	交流接触器	电磁吸盘充磁、退磁	HL3	指示灯	电动机 M2 工作指示
KH1	热继电器	电动机 M1 过载保护	HL4	指示灯	电动机 M4 工作指示
KH2	热继电器	电动机 M2 过载保护	HL5	指示灯	电磁吸盘工作指示
KH3	热继电器	电动机 M3 过载保护			

1．主电路分析

QS 作为电源开关。主电路中共有四台电动机，它们的控制和保护电器如表 8-3 所示。

表 8-3　主电路的控制和保护电器

名称与代号	作　　用	控制电器	过载保护电器	短路保护电器
液压泵电动机 M1	为液压系统提供动力	交流接触器 KM1	热继电器 KH1	熔断器 FU1
砂轮电动机 M2	拖动砂轮高速旋转	交流接触器 KM2	热继电器 KH2	熔断器 FU1
冷却泵电动机 M3	供给冷却液	接插件	热继电器 KH3	熔断器 FU1
砂轮升降电动机 M4	砂轮升降	交流接触器 KM3、KM4	无	熔断器 FU1

2．控制电路分析

控制电路由控制变压器 TC 提供交流 110V 电压，由熔断器 FU3 作控制电路短路保护。

在控制电路中，串接了欠电压继电器 KV 的常开触头（7 区 2-3 点），因此，液压泵电动机 M1 和砂轮电动机 M2 启动的前提条件是 KV 的常开触头（7 区 2-3 点）闭合。欠电压继电器 KV 的线圈（17 区）并接在电磁吸盘 YH（20 区）的工作回路中，所以只有当电磁吸盘得电工作时，欠电压继电器 KV 线圈得电吸合，接通液压泵电动机 M1 和砂轮电动机 M2 的控制电路，保证加工工件被 YH 吸住的情况下，液压泵电动机 M1 和砂轮电动机 M2 才能启动，砂轮和工作台才能进行磨削加工，达到了安全的目的。

1）液压泵电动机 M1 的控制电路分析

合上电源开关 QS，若整流器电源输出直流电压正常，则欠电压继电器 KV 线圈（17 区）通电吸合，使 KV 的常开触头（7 区 2-3 点）闭合，为启动液压泵电动机 M1 和砂轮电动机 M2 做好准备工作。

当 KV 吸合后，按下启动按钮 SB3，接触器 KM1 线圈得电吸合并自锁，液压泵电动机 M1 启动，同时指示灯 HL2 亮。若按下停止按钮 SB2，接触器 KM1 线圈断电释放，液压泵电动机 M1 断电后停转，指示灯 HL2 熄灭。

2）砂轮电动机 M2 和冷却泵电动机 M3 的控制电路分析

电动机 M2 和 M3 也必须在欠电压继电器 KV 通电吸合后才能启动。按启动按钮 SB5，接触器 KM2 线圈得电吸合，砂轮电动机 M2 启动运转。由于冷却泵电动机 M3 通过接插件 XP1 和 M2 联动控制，所以 M2 和 M3 同时启动运转。当不需要冷却时，可将接插件 XP1 拉出，冷却泵电动机 M3 停止供冷却液。按下停止按钮 SB4 时，接触器 KM2 线圈断电释放，M2 和 M3 同时断电停转。

电动机 M2 和 M3 的过载保护热继电器 KH2、KH3 的常闭触头串联在 KM2 线圈电路上，只要有一台电动机过载，就会使接触器 KM2 失电。

3）砂轮升降电动机 M4 的控制电路分析

砂轮升降电动机 M4 只有在调整工件和砂轮之间的位置时才使用，且属于点动控制，因此不设热继电器作过载保护。

当按下点动按钮 SB6 时，接触器 KM3 线圈得电吸合，电动机 M4 启动正转，砂轮上升。当达到所需位置时，松开 SB6，接触器 KM3 线圈断电释放，电动机 M4 停转，砂轮停止上升。

砂轮下降过程与上升过程相似，由点按按钮 SB7 来控制。

4）电磁工作台电路分析

电磁工作台又称电磁吸盘，电磁吸盘 YH 的结构如图 8-3 所示，其外壳是钢制箱体，中部的芯体上绕有线圈，吸盘的盖板用钢板制成，钢制盖板用非磁性材料（如铅锡合金）隔离成若干个小块，当线圈通上直流电后，吸盘的芯体被磁化，产生磁场，磁通便以芯体和工件做回路，工件被吸牢。因此，它是用来固定加工工件的一种夹具，是利用通电导体在铁芯中产生的磁场来吸牢铁磁材料的工件，以便加工。它与机械夹具相比较，具有夹紧迅速、操作快速简便、不损伤工件、一次能吸牢多个小工件，以及在磨削工件发热可自由伸缩、不会变形等优点。其不足之处是只能吸牢铁磁材料的工件，不能吸牢非磁性材料的工件。

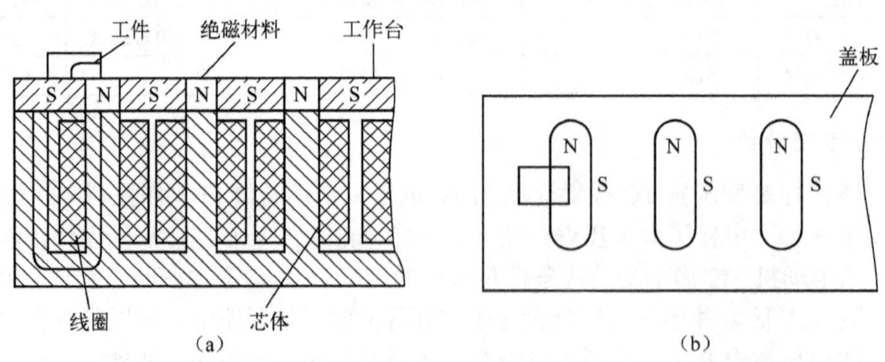

图 8-3　电磁吸盘结构示意图

电磁吸盘电路包括整流电路、控制电路和保护电路三部分。

控制变压器 TC 将 380V 的交流电压降为 135V，经单相桥式全波整流器 VC 后输出 110V

直流电压。

电磁吸盘的充磁和退磁过程：

（1）充磁过程：当电磁工作台上放上铁磁材料的工件后，按下充磁按钮 SB8，接触器 KM5 线圈得电吸合，其主触头闭合（18 区 201-206 点和 21 区 201-208 点）闭合，同时自锁触头（14 区 11-16 点）闭合，联锁触头（15 区 18-19 点）断开，电磁吸盘 YH 通入 110V 直流电流进行充磁将工件吸牢。这时就可以启动液压泵电动机 M1 和砂轮电动机 M2 进行磨削加工。

当磨削加工完成后，在取下加工好的工件前，先按下按钮 SB9，接触器 KM5 线圈断电释放，切断电磁吸盘 YH 的直流电源，电磁吸盘断电，但由于吸盘和工件都有剩磁，要取下工件，需要对吸盘和工件进行退磁。

（2）退磁过程：按下点动按钮 SB10，接触器 KM6 线圈获电吸合，其主触头（18 区 201-206 点和 21 区 201-208 点）闭合，电磁吸盘 YH 被通入反向直流电，使电磁吸盘和工件退磁。退磁时，为防止电磁吸盘反向将工件吸住，造成取工件困难，所以要注意按点动按钮 SB10 的时间不能过长，同时接触器 KM6 必须采用点动控制。

电磁吸盘的保护装置由放电电阻 R 和电容 C 以及欠电压继电器 KV 构成。

（1）放电电阻 R 和电容 C 的作用：由于电磁吸盘是一个大电感，会存储大量的磁场能量。当它脱离直流电源的瞬间，电磁吸盘 YH 的两端会产生较大的自感电动势，如果没有 RC 放电回路，电磁吸盘线圈及其他电器的绝缘将有被击穿的危险，所以用电阻和电容组成放电回路；利用电容 C 两端的电压不能突变的特点，使电磁吸盘线圈两端电压变化趋于缓慢；利用放电电阻 R 消耗电磁能量，如果参数选配得当，此时 RLC 电路可以组成一个衰减的振荡电路，对去磁将十分有利。

（2）欠压继电器 KV 的作用：在加工过程中，若整流器输出的直流电压过低或消失，将使电磁吸盘吸力不足或无吸力，则电磁吸盘将吸不牢工件，会导致工件被砂轮打出，造成严重事故。因此，在电磁吸盘电路中设置了欠电压继电器 KV，将其线圈并联在电磁吸盘 YH 的直流电源上，其常开触头（7 区 2-3 点）串联在液压泵电动机 M1 和砂轮电动机 M2 控制电路中，若直流电压过低或消失使电磁吸盘吸不牢工件时，欠电压继电器 KV 立即释放，使液压泵电动机 M1 和砂轮电动机 M2 立即停转，以确保安全。

5）照明和指示灯电路分析

照明电路的电源由控制变压器 TC 将 380V 交流电压降为 36V 安全电压提供，一端接地，另一端由开关 SA 控制，熔断器 FU6 作为短路保护。

指示灯 HL1、HL2、HL3、HL4、HL5 的工作电源由控制变压器提供，其工作电压为 6V。

任务 3　检修 M7120 型平面磨床电气控制线路

M7120 型平面磨床控制线路的常见故障及处理方法，如表 8-4 所示。

表 8-4　M7120 型平面磨床控制线路的常见故障及处理方法

故障现象	可能原因	处理方法
四台电动机都不能启动	（1）控制电路熔断器 FU3 熔断 （2）紧急停止按钮 SB1 触头接触不良或接线松脱	（1）更换同规格熔体 （2）检修或更换 SB1 或重新接线

续表

故障现象	可能原因	处理方法
砂轮电动机热继电器 KH2 常动作	（1）电动机轴磨损后引起堵转 （2）进刀量过大，引起电动机过载 （3）热继电器的整定值不对	（1）检修或更换电动机 （2）调整进刀量 （3）调整热继电器的整定值
冷却泵电动机烧坏	（1）切削液进入电动机内部，引起绕组匝间短路 （2）电动机长期运行后，转子在定子内不同心，工作电流增大，电动机长时间过载运行。	（1）检修或更换电动机 （2）检修或更换电动机
冷却泵电动机不能启动	（1）插座损坏 （2）冷却泵电动机损坏	（1）查明原因后修复 （2）更换电动机
电磁吸盘没有吸力	（1）插座 X2 接触不良 （2）熔断器 FU4 或 FU5 熔体熔断 （3）桥式整流电路损坏 （4）电磁吸盘线圈断开 （5）三相电源电压不正常	（1）更换或检修 （2）查明原因，更换熔体 （3）检修桥式整流电路 （4）检修或更换电磁吸盘线圈 （5）检查三相电源电压，查明原因并排除故障
电磁吸盘吸力不足	（1）电磁吸盘线圈损坏（局部匝间短路等） （2）整流器输出电压不正常	（1）通过测量整流器空载时输出电压应为 130～140V，负载时不低于 110V，若空载输出正常，带负载时输出电压过低，则为电磁吸盘线圈损坏，可检修或更换电磁吸盘线圈 （2）通常为整流元件短路或断路，可检查整流器 VC 交流、直流侧电压，判断故障部位，查出故障元件，进行更换或修理

技能训练场 18　检修 M7120 型平面磨床电气控制线路典型故障检修方法与步骤

1. 训练目标

能正确分析和排除 M7120 型平面磨床电气控制线路常见故障。

2. 检修工具、仪表及技术资料

除机床配套电路图、接线图、电器布置图外，其余同技能训练场 17。

3. 检修步骤及工艺要求、检修中的注意事项及评价标准

参考技能训练场 17。

阅读材料 7　M7120 型平面磨床典型故障检修方法与步骤

下面以 M7120 型平面磨床电磁吸盘无吸力为例进行说明。电磁吸盘无吸力，将使电动机

M1、M2、M3 均不能启动，这时可观察电源指示灯 HL1 是否亮或操作照明开关 SA 观察照明灯 EL 是否亮来判断磨床电源是否正常，再根据具体情况进行分析。其分析与检修步骤如下：

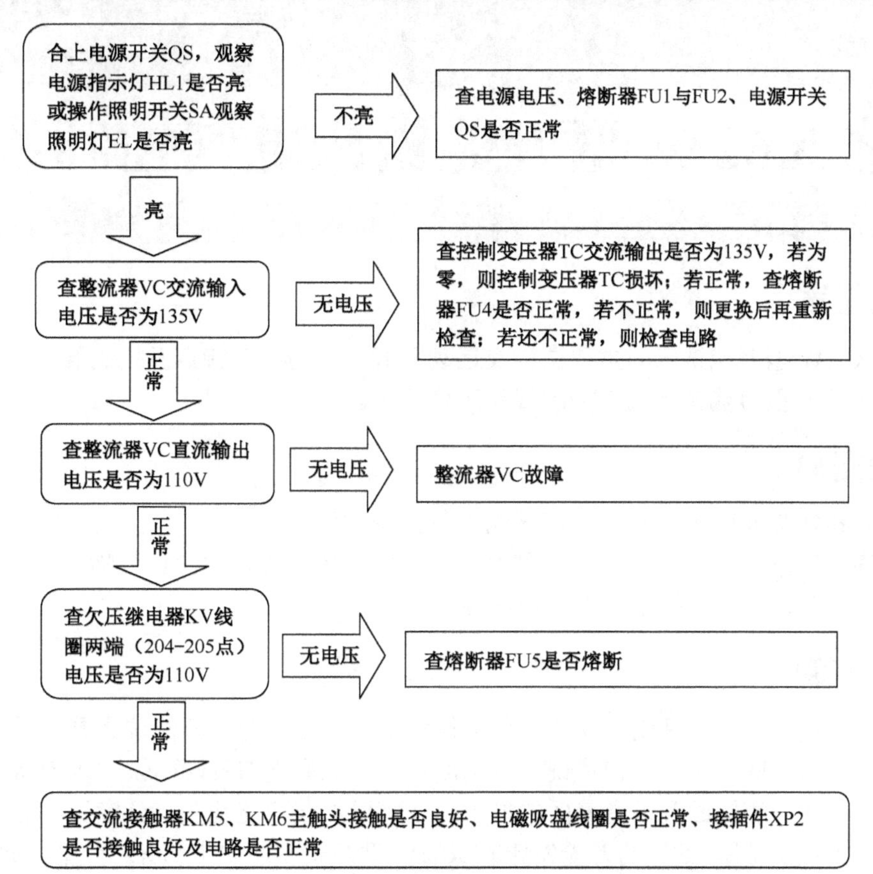

思考与练习

1．M7120 平面磨床电磁吸盘夹持工作有什么特点？为什么电磁吸盘要用直流电而不用交流电？

2．M7120 型平面磨床电磁吸盘吸力不足会造成什么后果？如何防止出现这种现象？

3．M7120 型平面磨床电气控制线路中，欠电压继电器 KV 的作用是什么？

4．M7120 型平面磨床退磁不好的原因有哪些？

项目 9

检修 X62W 型万能铣床电气控制线路

知识目标

知道 X62W 型万能铣床的主要结构及运动形式，电力拖动特点及控制要求。
熟悉 X62W 型万能铣床电气控制线路工作原理。

技能目标

能正确和熟练分析 X62W 型万能铣床电气控制线路。
能正确、熟悉分析和排除 X62W 型万能铣床电气控制线路的常见故障。
能够完成工作记录，技术文件存档与评价反馈。

知识准备

铣床的种类很多，有卧铣、立铣、仿形铣和各种专用铣等，万能铣床是一种通用的多用途机床，它可以用圆柱铣刀、圆片铣刀、角度铣刀、成型铣刀及端面铣刀等刀具对各种零件进行平面、斜面、螺旋面及成型表面的加工，还可以加装万能铣头、分度头和圆工作台等机床附件来扩大加工范围。常用的万能铣床有 X62W 型卧式万能铣床和 X53K 型立式万能铣床。其中，卧式的主轴是水平的，而立式的主轴是竖直的，它们的电气控制原理类似。

本项目以 X62W 型卧式万能铣床为例，分析铣床电气控制线路的构成、工作原理及检修方法。

任务 1　认识 X62W 型万能铣床的结构、运动方式及控制要求

1. X62W 型万能铣床的型号及含义

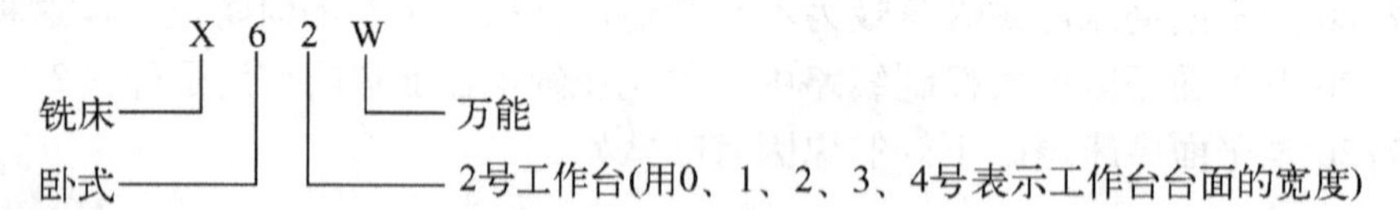

2. X62W 型万能铣床的主要结构

X62W 型万能铣床的结构见图 9-1。主要由床身、主轴、刀杆支架、悬梁、工作台、回转盘、横溜板、升降台、底座等几部分组成。

（1）床身。用来安装和连接其他部件。床身内装有主轴的传动机构和变速操纵机构。在床身的前面有垂直导轨，升降台可沿导轨上下移动，在床身的顶部有水平导轨，悬梁可沿导轨水平移动。

(a) 外形

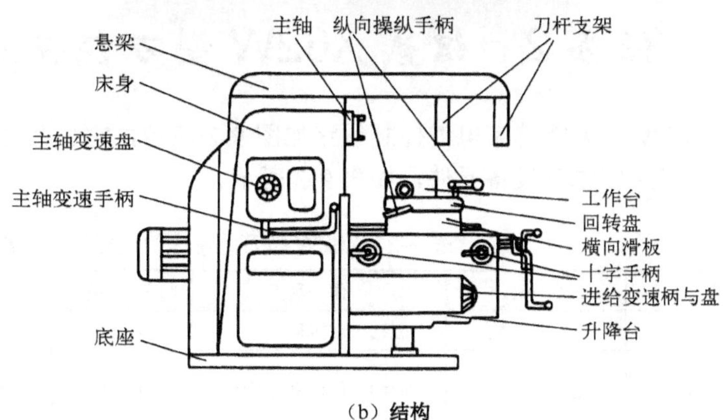

(b) 结构

图 9-1　X62W 型万能铣床外形与结构

(2) 悬梁及刀杆支架。刀杆支架在悬梁上，用来支承铣刀心轴的外端，心轴的另一端装在主轴上。刀杆支架可以在悬梁上水平移动，悬梁又可以在床身顶部的水平导轨上水平移动，这样就能适应各种长度的心轴。

(3) 升降台。依靠下面的丝杆，可沿床身的导轨上下移动。进给系统的电动机和变速机构装在升降台内部。

(4) 横向溜板。装在升降台的水平导轨上，可沿导轨平行于主轴轴线方向作横向移动。

(5) 工作台。用来安装夹具和工件。它的位置在横向溜板上的水平导轨上，可沿导轨垂直于主轴线方向作纵向移动。万能铣床在横向溜板和工作台之间还有回转盘，可使工作台向左右转±45°，因此，工作台在水平面内除了可以纵向进给和横向进给外，还可以在倾斜的方向进给，以便加工螺旋槽等。

3. X62W 型万能铣床的运动形式及控制要求

X62W 型万能铣床的运行形式及控制要求，如表 9-1 所示。

表 9-1　X62W 型万能铣床的主要运动形式及控制要求

运动种类	运动形式	控制要求
主运动	主轴带动铣刀的旋转运动	(1) 铣削加工有顺铣和逆铣两种，所以主轴电动机要求能正反转，由于主轴电动机的正反转不是很频繁，因此在床身下侧的电器箱上设置一个组合开关来改变电源相序，实现主轴电动机的正反转 (2) 为减小振动，主轴上装有惯性轮，会造成主轴停车困难，因此要求主轴电动机采用电磁离合器制动以实现迅速停车 (3) 主轴采用改变变速箱的齿轮传动比来实现，主轴电动机不需要调速
进给运动	工件随工作台在前后、左右、上下六个方向以及圆工作台的旋转运动	(1) 工作台要求有上下、左右、前后 6 个方向的进给运动和快速移动，所以也要求进给电动机能够正反转，并通过操纵手柄和位置开关配合的方式来实现六个运动方向的联锁 (2) 为了扩大加工能力，在工作台上可加装圆形工作台，圆形工作台的回转运动由进给电动机经传动机构驱动 (3) 为防止刀具和机床的损坏，要求只有主轴旋转后，才允许有进给运动；同时为了减小加工件的表面粗糙度，要求进给停止后，主轴才能停止或同时停止 (4) 进给变速采用机械方式实现，进给电动机不需要调速
辅助运动	工作台快速移动	进给的快速移动是通过电磁离合器和机械挂挡来实现的
	主轴和进给变速冲动	主轴正反转及变速、进给变速后，要求能瞬时冲动一下，以利于齿轮的啮合

任务2　识读X62W型万能铣床电气控制线路

X62W型万能铣床电气控制线路如图9-2所示，它分为主电路、控制电路和照明电路三部分。其主要电气设备元件，如表9-2所示。

表9-2　X62W型万能铣床的电器元件明细表

符　号	名　称	作　用	符　号	名　称	作　用
M1	主轴电动机	驱动主轴转动	KM1	交流接触器	控制主轴电动机M1
M2	进给电动机	驱动工作台进给运动	KM2	交流接触器	控制工作台快速移动电磁离合器
M3	冷却泵电动机	驱动冷却泵转动，供给冷却液	KM3 KM4	交流接触器	控制电动机M2正反转
QS1	转换开关	电源总开关	SB1 SB2	启动按钮	主轴电动机M1启动
QS2	转换开关	冷却泵电动机电源开关	SB3	点动按钮	控制快速进给
SA1	转换开关	换刀制动开关	SB4		
SA2	转换开关	圆工作台开关	SB5	停止按钮	主轴电动机M1的停止及制动
SA3	转换开关	电动机M1换向开关	SB6		
SA4	转换开关	控制照明灯	YC1	电磁离合器	主轴制动
FU1	熔断器	主轴电动机短路保护	YC2	电磁离合器	正常进给
FU2	熔断器	进给电动机短路保护	YC3	电磁离合器	快速进给
FU3	熔断器	整流器短路保护	SQ1	位置开关	主轴变速冲动开关
FU4	熔断器	电磁离合器短路保护	SQ2	位置开关	进给变速冲动开关
FU5	熔断器	照明电路短路保护	SQ3	位置开关	工作台向下、向前运动
FU6	熔断器	控制电路短路保护	SQ4	位置开关	工作台向上、向后运动
KH1	热继电器	电动机M1过载保护	SQ5	位置开关	工作台向左运动
KH2	热继电器	电动机M3过载保护	SQ6	位置开关	工作台向右运动
KH3	热继电器	电动机M2过载保护	EL	照明灯	机床低压照明
T1	照明变压器	提供照明电路电源	VC	整流器	整流后输出直流电压
T2	整流变压器	提供整流电源	TC	控制变压器	提供控制电路电源

1. 主电路分析

X62W型万能铣床共有3台电动机，它们的控制和保护电器如表9-3所示。

表9-3　主电路的控制和保护电器

名称与代号	作　用	控制电器	过载保护电器	短路保护电器
主轴电动机M1	拖动主轴带动铣刀旋转	交流接触器KM1和组合开关SA3	热继电器KH1	熔断器FU1
进给电动机M2	拖动进给运动和快速移动	交流接触器KM3、KM4	热继电器KH3	熔断器FU2
冷却泵电动机M3	供给冷却液	转换开关QS2	热继电器KH2	熔断器FU1

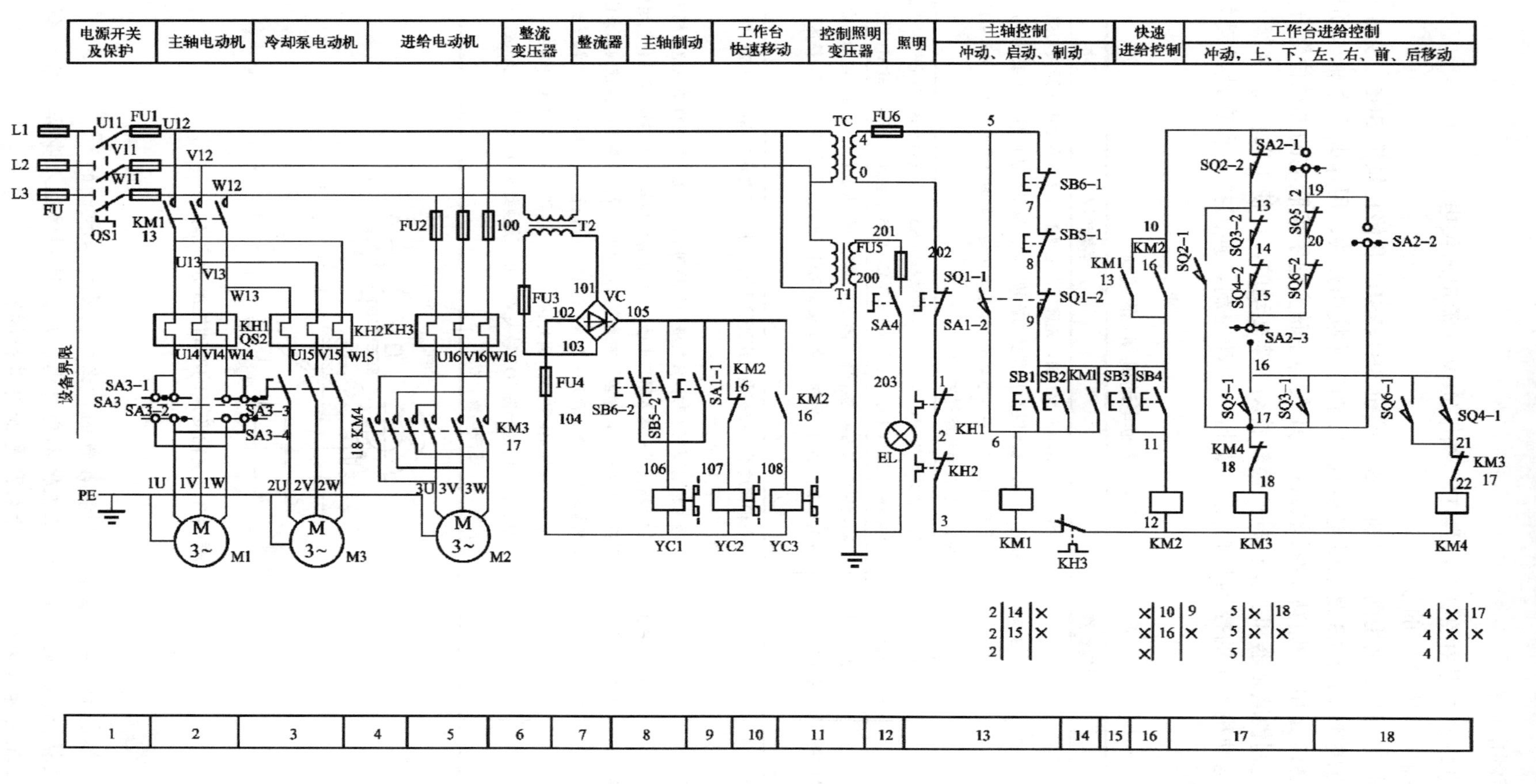

图 9-2 X62W 型万能铣床电气控制线路电路图

2. 控制电路分析

控制电路的电源由控制变压器 TC 输出 110V 交流电压供电。

1）主轴电动机 M1 的控制

主轴电动机 M1 采用两地控制，启动按钮 SB1、SB2 和停止按钮 SB5、SB6 分别装在机床两处，方便操作。SA3 是主轴电动机 M1 的电源换相开关，用作改变主轴电动机 M1 的旋转方向；KM1 是电动机的启动接触器；SQ1 是与主轴变速手柄联动的冲动位置开关，主轴电动机是经过弱性联轴器和变整机构的齿轮传动链来传动的，可使主轴获得 18 级不同的转速。

主轴电动机 M1 的控制包括启动控制、制动控制、换刀控制和变速冲动控制，具体如表 9-4 所示。

表 9-4　主轴电动机 M1 的控制

控制形式	控制作用	控制过程
启动控制	启动主轴电动机 M1	启动主轴电动机 M1 前，先选择好主轴的转速，合上电源开关 QS1，再把主轴换相开关 SA3 扳到主轴所需要的旋转方向；按下启动按钮 SB1 或 SB2，接触器 KM1 线圈获电动作，主轴电动机 M1 启动运转，同时其常开辅助触头（9-10 点）闭合，为工作台进给电路提供电源
制动控制	停车时使主轴迅速停转	按下停止按钮 SB5 或 SB6，切断接触器 KM1 线圈的电路，主轴电动机惯性运转，同时电磁离合器 YC1 线圈得电（由 SB1-2、SB5-2 控制），使电动机 M1 迅速制动停转
换刀制动控制	更换铣刀时将主轴制动，以方便换刀	将转换开关 SA1 扳向换刀位置，其常开触头 SA1-1 闭合，电磁离合器 YC1 线圈得电将主轴制动；同时其常闭触头 SA1-2 断开，切断控制电路，铣床不能通电运转，确保换刀时人身和设备的安全
变速冲动控制	保证主轴变速后齿轮能良好啮合	主轴变速冲动控制是利用变速手柄与冲动位置开关 SQ1 通过机械上的联动控制的，如图 9-3 所示。 当主轴需要变速时，先把变速手柄向下压，使手柄的榫块从定位槽中脱出，然后外拉手柄使榫块落入第二道槽中，使齿轮组脱离啮合。转动变速盘选定所需转速后，再把变速手柄以连续较快的速度推回原来位置；当变速手柄推向原来位置时，其联动机构瞬时压合位置开关 SQ1，使 SQ1-2 分断，SQ1-1 闭合，接触器 KM1 线圈瞬时获电动作，使电动机 M1 瞬时转动一下，以利于变速后的齿轮啮合；当变速手柄推回原位后，位置开关 SQ1 触头又复原，接触器 KM1 线圈断电释放，电动机 M1 断电停转，变速冲动操作结束

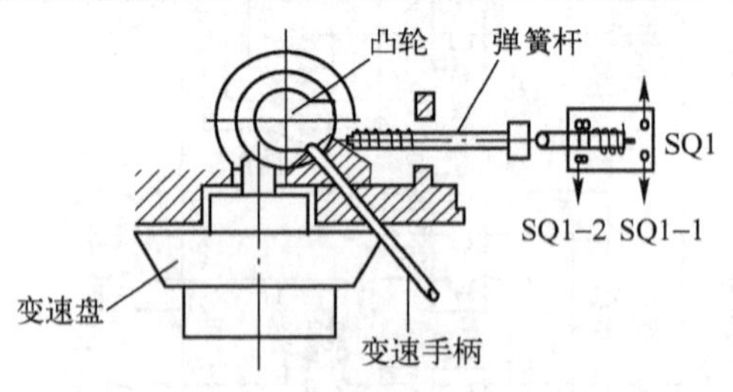

图 9-3　主轴变速的冲动控制示意图

想 一 想

- 主轴电动机的正反转、制动各是由什么电器元件来控制的？
- 主轴换铣刀时，如何保证主轴不会自由转动，达到保证人身和设备安全的目的？
- 主轴变速冲动的目的是什么？是如何进行的？

■ 主轴制动离合器 YC1 电路中有 SB1-2、SB5-2 和 SA1 三个常开触头并联，它们各有什么作用？

2）进给电动机 M2 的控制

X62W 型万能铣床的进给控制与主轴电动机的控制是顺序控制，只有在主轴电动机 M1 启动后，接触器 KM1 的辅助常开触头（9-10 点）闭合，才能接通进给电动机 M2 控制电路，进给电动机 M2 才可以启动。

转换开关 SA2 是控制圆工作台运动的，在不需要圆工作台运动时，转换开关 SA2 的触头 SA2-1 闭合，SA2-2 的触头分断，SA2-3 的触头闭合。

工作台的进给运动有上和下（升降）、前和后（横向）以及左和右（纵向）六个方向的运动。工作台的上下运动和前后进给运动完全是由“工作台升降与横向手柄”来控制的；工作台的左右进给运动是由“工作台纵向操纵手柄”来控制的。

（1）工作台向上、向下、向前、向后进给运动的控制

操作装在工作台的左侧前后方的操作手柄向某一方向，操作手柄的联动机构与位置开关 SQ3 和 SQ4 相连接，位置开关装在工作台的左侧，前面一个是 SQ4，控制工作台向上及向后运动；后面一个是 SQ3，控制工作台的向下及向前运动。此手柄有 5 个位置(上、下、左、右、中)，而且是相互联锁的，各方向的进给不能同时接通。手柄位置与工作台升降和横向运动的控制关系，如表 9-5 所示。

表 9-5 工作台升降和横向运动与手柄位置间的控制关系

手柄位置	工作台运动方向	离合器接通丝杆	位置开关动作	接触器动作	电动机运转方向
上	向上进给或快速向上	垂直进给丝杆	SQ4	KM4	反转
下	向下进给或快速向下	垂直进给丝杆	SQ3	KM3	正转
中	升降或横向进给停止		——	——	停止
前	向前进给或快速向前	横向丝杆	SQ3	KM3	正转
后	向后进给或快速向后	横向丝杆	SQ4	KM4	反转

工作台向上、向下、向前、向后进给运动的控制过程，如表 9-6 所示。

表 9-6 工作台向上、向下、向前、向后进给运动的控制过程

运动方向	控制过程
工作台向上运动	在主轴电动机启动后，将操作手柄扳到向上位置，其联动机构一方面接通垂直传动丝杠的离合器，为垂直运动丝杠的转动作好准备；另一方面它使位置开关 SQ4 动作，其常闭触头 SQ4-2 分断，而常开触头 SQ4-1 闭合，接触器 KM3 线圈获电，KM3 主触头闭合，M2 反转，工作台向上运动。接触器 KM3 的常闭触头起联锁作用，使接触器 KM4 线圈不能同时获电动作
工作台向下运动	将手柄向下扳动时，其联动机构一方面使垂直传动丝杠的离合器接通，同时压合位置开关 SQ3，使其常闭触头 SQ3-2 分断，而常开触头 SQ3-1 闭合，接触器 KM4 线圈获电，KM4 主触头闭合，M2 正转，工作台向后运动。接触器 KM4 的常闭触头起联锁作用，使接触器 KM3 线圈不能同时获电动作
工作台向前运动	当手柄向前扳动时，其联动机构一方面使横向传动丝杠的离合器接通，同时压合位置开关 SQ3，使其常闭触头 SQ3-2 分断，而常开触头 SQ3-1 闭合，接触器 KM4 线圈获电，KM4 主触头闭合，M2 正转，工作台向后运动。接触器 KM4 的常闭触头起联锁作用，使接触器 KM3 线圈不能同时获电动作
工作台向后运动	当手柄向前扳动时，其联动机构一方面使横向传动丝杠的离合器接通，同时压合位置开关 SQ4 动作，其常闭触头 SQ4-2 分断，而常开触头 SQ4-1 闭合，接触器 KM3 线圈获电，KM3 主触头闭合，M2 反转，工作台向上运动。接触器 KM3 的常闭触头起联锁作用，使接触器 KM4 线圈不能同时获电动作

（2）工作台的左右（纵向）运动的控制

工作台的左右运动同样是由进给电动机 M2 来传动的，由“工作台纵向操纵手柄”来控制。此手柄有 3 个位置（向左、向右和中间位置）。当手柄扳到向右或向左运动方向时，手柄的联动机构压下位置开关 SQ5 或 SQ6，使接触器 KM3 或 KM4 动作，控制电动机 M2 的正反转。手柄位置与工作台纵向运动的控制关系，如表 9-7 所示。

表 9-7　工作台纵向运动与手柄位置间的控制关系

手柄位置	工作台运动方向	离合器接通丝杆	位置开关动作	接触器动作	电动机运转方向
左	向左进给或快速向左	左右进给丝杠	SQ5	KM3	正转
中	停止	—	—	—	停止
右	向右进给或快速向右	左右进给丝杠	SQ6	KM4	反转

工作台的左右（纵向）运动的控制过程，如表 9-8 所示。

表 9-8　工作台左右进给运动的控制过程

运动方向	控制过程
工作台向右运动	当主轴电动机 M1 启动后，将操纵手柄向右扳，其联动机构压合位置开关 SQ6，使其常闭触头 SQ6-2 分断，而常闭触头 SQ6-1 闭合，使接触器 KM4 线圈获电，其主触头闭合，电动机 M2 反转，拖动工作台向右运动，KM4 的常闭触头断开，对接触器 KM3 联锁作用
工作台向左运动	当 KM1 闭合后，将操纵手柄向左扳，其联动机构压合位置开关 SQ5，使其常闭触头 SQ5-2 分断，而常闭触头 SQ5-1 闭合，使接触器 KM3 线圈获电，其主触头闭合，电动机 M2 正转，拖动工作台向左运动，KM3 的常闭触头断开，对接触器 KM4 联锁作用

（3）工作台进给变速时的冲动控制

在需要改变工作台进给速度时，为了使齿轮易于啮合，也需要进给电动机 M2 瞬时冲动一下。变速时，先将进给变速操纵手柄放在中间位置，然后将进给变速盘向外拉出，使进给齿轮松开，转动变速盘选定进给速度后，再将变速盘快速推回原位。在推进过程中，其联动机构瞬时压合位置开关 SQ2，使 SQ2-2 分断，SQ2-1 接通，接触器 KM3 因线圈获电而动作，进给电动机 M2 瞬时反转一下，从而保证变速齿轮易于啮合。当手柄推回到原位后，位置开关 SQ2 复位，接触器 KM3 因线圈断电而释放，进给电动机 M2 瞬时冲动结束。

（4）工作台的快速移动控制

为提高工作效率，减少辅助时间，X62W 万能铣床在加工过程中，若不做铣削加工时，要求工作台可以快速移动。工作台的快速移动通过各个方向的操纵手柄与快速移动按钮 SB3、SB4 配合，由工作台快速进给电磁离合器 YC3 和进给电动机 M2 来实现。其动作过程如下：

先将进给操纵手柄扳到需要的位置，按下快速移动按钮 SB3 或 SB4（它们为两地控制），使接触器 KM2 线圈获电，KM2 的常闭触头分断，电磁离合器 YC2 失电，将齿轮传动链与进给丝杠分离，KM2 的两对常开触头闭合，一对使电磁离合器 YC3 得电，将电动机 M2 与进给丝杠直接搭合；另一对使接触器 KM3 或 KM4 得电动作，电动机 M2 得电正转或反转，带动工作台沿选定的方向快速移动。工作台的快速移动是点动控制，当松开 SB3 或 SB4，快速移动停止。

想 一 想

■ 工作台的垂直升降和横向运动与纵向运动之间是如何实现联锁的？

■ 当工作台在上、下、前、后四个方向中某个方向进给时，若又将控制纵向进给的手柄扳动了，将会出现什么结果？

■ 接触器 KM1、KM2 的常开辅助触头并联后，串接在进给控制电路中的作用是什么？

■ 按钮 SB3、SB4 常开触头两端能否并联 KM2 的常开辅助触头？为什么？

（5）圆工作台运动的控制

先将工作台的进给操纵手柄扳到中间位置（零位），使位置开关 SQ3、SQ4、SQ5、SQ6 全部处于正常位置（不动作），然后将转换开关 SA2 扳到“接通”位置，这时 SA2-2 闭合，SA2-1、SA2-3 分断。这时按主轴启动按钮 SB1 或 SB2，主轴电动机 M1 启动，接触器 KM3 线圈获电动作，进给电动机 M2 启动，并通过机械传动使圆工作台按照需要的方向转动。

圆工作台不能反转，只能沿一个方向作回转运动，并且圆工作台运动的通路需经 SQ3、SQ4 、SQ5、SQ6 四个位置开关的常闭触头，所以，若圆工作台工作时，扳动工作台任一进给手柄，都将使圆工作台停止工作，这就保证了工作台的进给运动与圆工作台工作不可能同时进行。若按下主轴电动机 M1 停止按钮，主轴停转，圆工作台也同时停止运动。

当不需要圆工作台旋转时，转换开关 SA2 扳到断开位置，这时触头 SA2-1、SA2-3 闭合，触头 SA2-2 断开，以保证工作台在 6 个方向的进给运动，因为圆工作台的运动与 6 个方向的进给也是联锁的。

3）冷却泵电动机的控制

冷却泵电动机 M3 只有在主轴电动机启动后才能启动，由转换开关 QS2 控制。

4）照明电路的控制

照明电路的安全电压为 24V，由降压变压器 T1 的二次侧输出。EL 为机床的低压照明灯，由转换开关 SA4 控制。FU5 为熔断器，作为照明电路的短路保护。

任务 3 检修 X62W 型万能铣床电气控制线路

X62W 型万能铣床控制线路的常见故障及处理方法，如表 9-9 所示。

表 9-9 X62W 型万能铣床控制线路的常见故障及处理方法

故障现象	可能原因	处理方法
主轴电动机不能启动	（1）控制电路熔断器 FU6 熔体熔断 （2）组合开关 SA3 在“停”位置 （3）KM1 线圈断路或接线松脱 （4）按钮 SB1、SB2、SB5、SB6 触头接触不良或接线松脱 （5）换刀开关 SA1 在制动位置 （6）热继电器 KH1、KH2 动作或触头接触不良 （7）变速冲动开关 SQ1 常闭触头损坏	（1）更换熔体 （2）将组合开关 SA3 扳到正转或反转位置 （3）检修或更换 KM1 线圈，接好接线 （4）检修或更换 SB1、SB2、SB5、SB6 及接好接线 （5）将换刀开关 SA1 转到正常位置 （6）查明 KH1、KH2 动作原因，检查它们的触头是否正常，必要时进行更换 （7）更换 SQ1

续表

故障现象	可能原因	处理方法
工作台各个方向都不能进给	（1）控制圆工作台的转换开关 SA2 是否处于“接通”位置 （2）接触器 KM1 没有吸合或其常开触头接触不良 （3）位置开关 SQ3、SQ4、SQ5、SQ6 位置移动或触头损坏 （4）热继电器 KH3 动作或触头损坏 （5）变速冲动开关 SQ2 的常闭触头断开 （6）接触器 KM3、KM4 线圈断开或主触头接触不良	（1）将 SA2 扳到“断开”位置 （2）查明 KM1 没有吸合的原因；检查其常开触头，必要时更换 （3）检查 SQ3、SQ4、SQ5、SQ6 位置并固定好，检查它们的触头，若损坏则更换 （4）查明 KH3 动作原因并复位；检查其触头，必要时更换 KH3 （5）查明 SQ2 触头断开的原因，必要时更换 SQ2 （6）查明原因，更换接触器
工作台不能向前、后、上、下进给	（1）左右进给控制的位置开关 SQ5 或 SQ6 位置移动、触头接触不良 （2）开关机构被卡住	（1）查明原因，调整位置或更换位置开关 （2）查明原因后排除 检查 SQ5-2 或 SQ6-2 的接通情况时，应操纵前后、上下进给手柄，使 SQ5-2 或 SQ6-2 断开，否则回路 11—10—13—14—15—20—19 会导通，导致误认为 SQ5-2 或 SQ6-2 接触良好
工作台不能左、右进给	同上例原因，主要是位置开关 SQ5-2 或 SQ6-2 触头接触不良	参照上例的处理方法
工作台不能快速移动	（1）电磁离合器 YC3 线圈断线或接线不良 （2）整流变压器 T2 损坏 （3）熔断器 FU3、FU4 熔体熔断 （4）整流二极管损坏 （5）电磁离合器动、静摩擦片损坏	（1）查明原因，必要时更换电磁离合器线圈 （2）检查整流变压器 T2 有无断线、短路等故障，必要时更换 T2 （3）查明原因后更换熔体 （4）检查整流输出电压是否异常，必要时更换整流二极管 （5）更换动、静摩擦片
主轴或进给变速不能冲动	主要是冲动位置开关 SQ1 或 SQ2 位置移动（压合不上开关）或触头接触不良，使线路断开，主轴电动机 M1 或进给电动机 M2 不能瞬时点动	与机修工配合，调整冲动位置开关 SQ1、SQ2 的位置（动作距离）；检查触头接触情况，必要时更换

技能训练场 19　X62W 型万能铣床电气控制线路常见故障的检修

1．训练目标

能正确分析 X62W 型万能铣床电气控制线路常见故障，会检修和排除故障。

2．检修工具、仪表及技术资料

除机床配套电路图、接线图、电气布置图外，其余同技能训练场 17。

3. 检修步骤及工艺要求、检修中的注意事项及评价标准

参考技能训练场 17。

阅读材料 8　X62W 型万能铣床电气控制线路典型故障检修方法与步骤

1. X62W 型万能铣床停车时无制动

该铣床在停车时或上刀时，采用电磁离合器 YC1 进行制动。若无制动，主轴电动机停车时间将延长。发生故障时，可先转动转换开关 SA1，观察上刀制动时电磁离合器是否吸合，再根据具体情况进行分析。其分析与检修步骤如下：

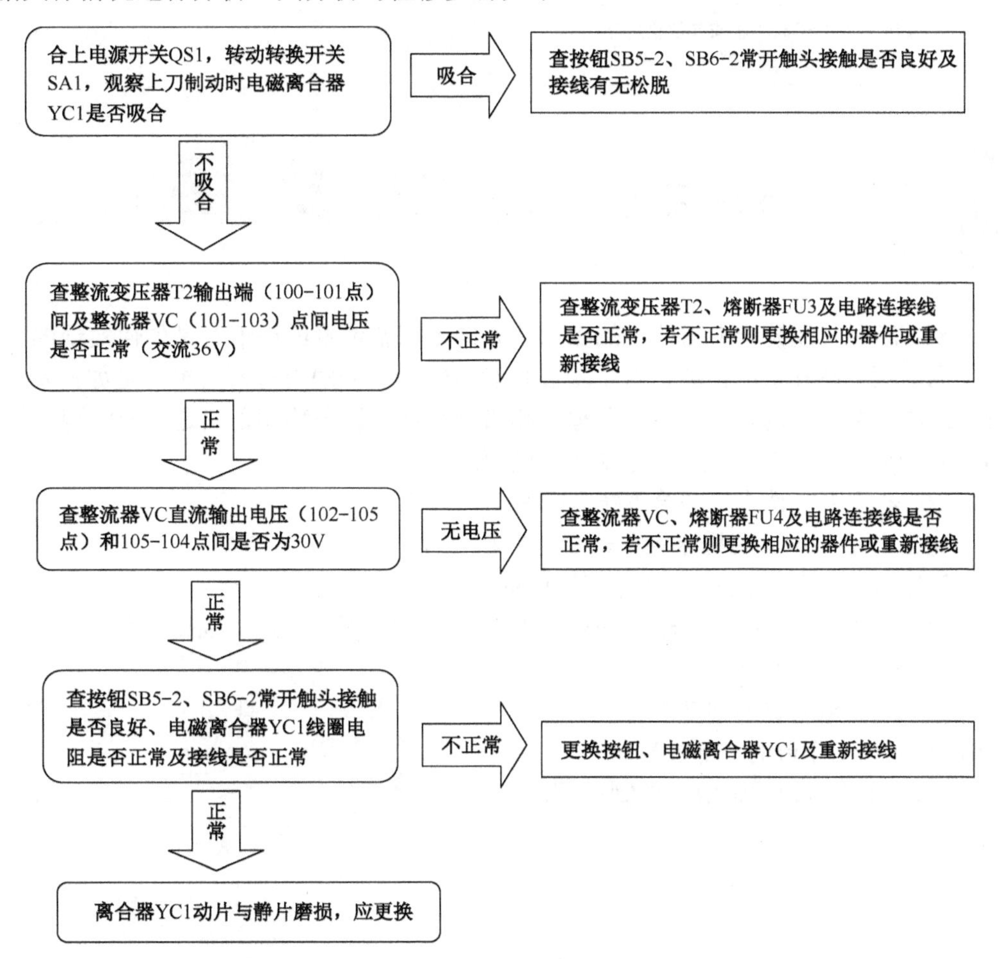

2. X62W 型万能铣床工作台向左、向右能进给，但向前、向后、向上、向下不能进给

该铣床工作台需要进给时，必须先启动主轴电动机 M1。由于工作台能向左、向右进给，说明控制电路中线号 10 以前的电路正常。该故障的分析与检修步骤如下：

合上电源开关QS1，启动主轴电动机M1，将转换开关SA2打到圆工作台，观察圆工作台能否工作

不能工作 → 说明10-13-14-15-20-19-17点间回路有断路故障，可重点检查位置开关SQ5-2、SQ6-2常闭触头

说明10-13-14-15-20-19-17-18点间回路正常，应查SQ3-1、SQ4-1常开触头接触是否良好及接触是否有松脱

更换位置开关SQ3、SQ4，对松脱导线重新连接

查位置开关SQ3、SQ4安装位置是否正常，若不正常则调整

思考与练习

1．X62W 型万能铣床中工件台能在哪些方向上调整位置或进给？是如何实现的？

2．为防止刀具和机床损坏，对主轴旋转和进给运动顺序上有何要求？是如何实现的？

3．X62W 型万能铣床中，工作台垂直和横向移动与纵向移动之间是如何实现联锁的？

4．X62W 型万能铣床中主轴有哪些电气要求？

5．X62W 型万能铣床中进给系统有哪些电气要求？

6．简述 X62W 型万能铣床中主轴变速冲动过程。

7．简述 X62W 型万能铣床中进给变速冲动过程。

8．X62W 型万能铣床中主轴制动离合器 YC1 电路中有 SB5-2、SB6-2 和 SA1 三个常开触头并联，它们各有什么作用？

9．简述主轴电动机的制动过程。

10．简述圆工作台的控制过程。

11．简述工作台快速进给的控制过程。

附录

常用电器、电机的图形与文字符号

（摘自 GB/T 4728-1996～2000 和 GB/T 7159-1987）

类　别	名　称	图形符号	文字符号	类　别	名　称	图形符号	文字符号
开关	单极控制开关	或	SA	位置开关	常开触头		SQ
	手动开关一般符号		SA		常闭触头		SQ
	三极控制开关		QS		复合触头		SQ
	三极隔离开关		QS	按钮	常开按钮		SB
	三极负荷开关		QS		常闭按钮		SB
	组合旋钮开关		QS		复合按钮		SB
	低压断路器		QF		急停按钮		SB
	控制器或操作开关	后　前 21012	SA		钥匙操作式按钮		SB
接触器	线圈操作器件		KM	中间继电器	线圈		KA

续表

类　别	名　称	图形符号	文字符号
接触器	常开主触头		KM
	辅助常开触头		KM
	辅助常闭触头		KM
热继电器	热元件		KH
	常闭触头		KH
时间继电器	通电延时（缓吸）线圈		KT
	断电延时（缓放）线圈		KT
	瞬时闭合的常开触头		KT
	瞬时断开的常闭触头		KT
	延时闭合的常开触头	或	KT
	延时断开的常闭触头	或	KT
	延时闭合的常闭触头	或	KT
	延时断开的常开触头	或	KT

类　别	名　称	图形符号	文字符号
中间继电器	常开触头		KA
	常闭触头		KA
电流继电器	过电流线圈	$I>$	KA
	欠电流线圈	$I<$	KA
	常开触头		KA
	常闭触头		KA
电压继电器	过电压线圈	$U>$	KV
	欠电压线圈	$U<$	KV
	常开触头		KV
	常闭触头		KV
非电量控制的继电器	速度继电器常开触头	n	KS
	压力继电器常开触头	p	KP
熔断器	熔断器		FU

续表

类　别	名　称	图形符号	文字符号	类　别	名　称	图形符号	文字符号
电磁操作器	电磁铁的一般符号	或	YA	发电机	发电机	G	G
	电磁吸盘		YH		直流测速发电机	TG	TG
	电磁离合器		YC	变压器	单相变压器		TC
	电磁制动器		YB		三相变压器		TM
	电磁阀		YV	灯	信号灯（指示灯）		HL
电动机	三相笼型异步电动机	M 3~	M		照明灯		EL
	三相绕线转子异步电动机	M 3~	M	接插器	插头或插座	或	X 插头 XP 插座 XS
	他励直流电动机	M	M	互感器	电流互感器		TA
	并励直流电动机	M	M		电压互感器		TV
	串励直流电动机	M	M		电抗器		L

参 考 文 献

[1] 沈柏民．工厂电气控制技术（第 2 版）．北京：高等教育出版社，2012．

[2] 沈柏民．电气控制技术与技能训练．北京：电子工业出版社，2013．

[3] 杜德昌．电工基本技能训练．北京：高等教育出版社，2005．

[4] 劳动和社会保障部教材办公室组织．电力拖动控制线路与技能训练（第四版）．北京：中国劳动社会保障出版社，2007．

[5] 田建苏，张文燕，朱小琴．电力拖动控制线路与技能训练．北京：科学出版社，2009．